Connie Voigt

Innovativ mit interkulturellen Teams

Meinen Seelenverwandten Glyn, Todd,
Neal, Mark und Melissa

Das oft Fatale in Konversationen ist,
dass viele davon ausgehen, dass ihre Meinung
das Maß aller Dinge ist.

Connie Voigt

Innovativ mit interkulturellen Teams

Strategien zur virtuellen Führung von internationalen Wissensträgern

GABAL

Externe Links wurden bis zum Zeitpunkt der Drucklegung des Buches geprüft. Auf etwaige Änderungen zu einem späteren Zeitpunkt hat der Verlag keinen Einfluss. Eine Haftung des Verlags ist daher ausgeschlossen.

Bibliografische Informationen der Deutschen Nationalbibliothek
Die Deutsche Nationalbibliothek verzeichnet diese Publikation in der Deutschen Nationalbibliografie; detaillierte bibliografische Informationen sind im Internet über http//dnb.d-nb.de abrufbar.

ISBN 978-3-86936-910-5

Lektorat: Anna Ueltgesforth, Amorbach
Umschlaggestaltung: Martin Zech Design, Bremen | www.martinzech.de
Umschlagfoto: nd3000/Fotolia
Autorinnenfoto: Andreas Riedel
Satz und Layout: Lohse Design, Heppenheim | www.lohse-design.de
Druck und Bindung: Salzland Druck, Staßfurt

Printed in Germany

www.gabal-verlag.de
www.facebook.com/Gabalbuecher
www.twitter.com/gabalbuecher

Inhalt

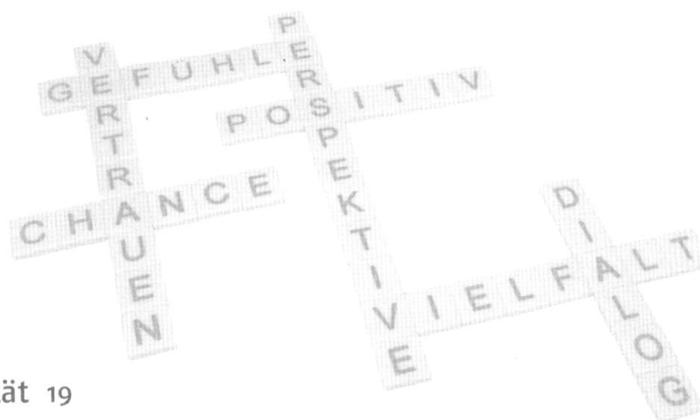

GEFÜHLE
VERTRAUEN
POSITIV
PERSPEKTIVE
CHANCE
DIALOG
VIELFALT

2. Herausforderung Vertrauen und Führung 31

3. Herausforderung interkulturelle Kooperation 69

4. Herausforderung Organisationsstruktur 89

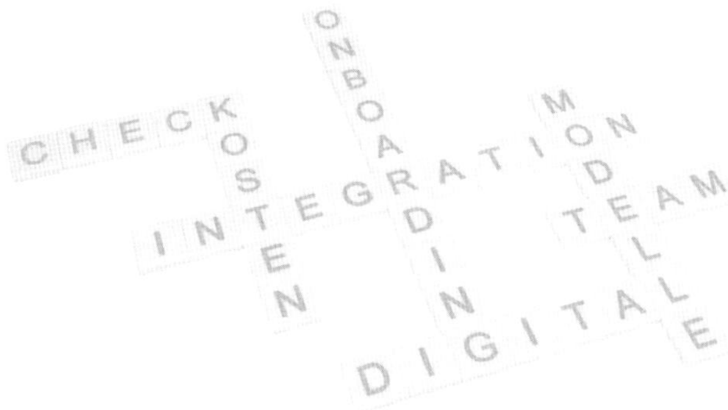
CHECK
KOSTEN
ONBOARDING
INTEGRATION
MODELLE
TEAM
DIGITAL

Teil II 118

Geleitwort

In einer Zeit, in der nationale Patriotismen und Abgrenzungsstrategien an Boden gewinnen, bietet der Band von Connie Voigt eine Fülle von Anregungen für eine kontrapunktische, diversitätsorientierte Alltagspraxis. Er führt vor Augen, dass mit Vielfalt verbundene Komplexität in erster Linie nicht als Bedrohung, sondern als Chance verstanden werden kann und sollte: als Chance, unbekannte Sichtweisen, Wertschätzungen und Expertisen kennenzulernen, von hier aus Schnittstellen zu vertrauten Denkweisen zu entdecken und im Miteinander unterschiedlichster Akteure etwas Neues zu entwickeln – Neues, das die einzelnen Akteure in der Begrenzung ihrer gewohnten Perspektiven allein nicht generieren könnten.

Vielfalt und Komplexität auf einfachere, homogenere Lösungen zu reduzieren, um Sicherheit und Plausibilität zu wahren, würde den Blick auf solche Sichtweisen verstellen. Es geht vielmehr darum, zu lernen, Komplexität anzunehmen, konstruktiv mit ihr umzugehen, sie als Chance zu verstehen, das erwähnte Neue zu entwickeln. Dafür wiederum bedarf es, wie das Buch sehr schlüssig nachweist, einer grundsätzlichen Vertrauensbereitschaft der Akteure untereinander.

In diesem Sinn zeigt der Band, dass Vertrauen zu den wichtigsten Bedingungen für eine weitgehende Barrierefreiheit von Wissenskommunikation zählt – gerade auch über kulturelle Grenzen hinweg. Denn erst im Vertrauen darauf, dass meine Erfahrungen und mein Wissen von anderen auch dann ernst genommen werden, wenn sie auf Anhieb vielleicht nicht relevant, plausibel oder „normal“ erscheinen, werde ich zur Öffnung und zur Weitergabe meiner Expertisen bereit sein.

VUCA ist ein Akronym für Merkmale, die aktuell vor allem in der Managementliteratur als zeittypische Resultate von Globalisierung, Digitalisierung und hohen Veränderungsdynamiken verstanden werden. Es steht für volatility, uncertainty, complexity und ambiguity.

Skeptiker werden einwenden, dass die Forderung nach grenzenloser Wissenskommunikation (und auch unbegrenztem Vertrauen) blauäugig und realitätsfremd ist. Einer grundsätzlichen Realitätsfähigkeit widerspricht dies allerdings nicht. Denn in welchem Umfang man anderen vertraut, wie weit man bereit ist, die Unbestimmtheit dessen, was heute als „VUCA"-Welt gehypt wird, primär als Herausforderung und weniger als Bedrohung zu sehen, ist vor allem eine Frage der Einstellung. Hier verhält es sich ähnlich wie bei dem viel zitierten Glas, das sich je nach Perspektive zum einen als „halbvoll", aber genauso auch als „halbleer" beschreiben lässt. So eröffnet eine („halbvolle") Herausforderungs- bzw. Chancenperspektive ganz andere Handlungsoptionen als eine („halbleere") Bedrohungsperspektive:

Vertraue ich darauf, dass eine offene Wissenskommunikation grundsätzlich zum Vorteil aller beteiligten Akteure reicht, besteht die Chance zu konstruktiver Zusammenarbeit, zu nachhaltiger Vernetzung. Bin ich in Bezug auf Wissensteilung eher skeptisch eingestellt, weil ich beispielsweise Kontrollverlust fürchte, werde ich dazu tendieren, mein Wissen für mich zu behalten, und mich damit mehr oder minder deutlich von anderen abgrenzen. Eine Wahrheit, die womöglich auch noch in der Mitte liegt, lässt sich in Bezug auf den Grad der Offenheit der Wissenskommunikation sicherlich nicht angeben. Die Entscheidung, wie viel Öffnung, Vertrauen und Zulassen von Unsicherheit auf der einen Seite möglich und wie viel Struktur und Handlungssicherheit auf der anderen Seite nötig sind, wird stets im Einzelfall und zudem kontextabhängig entschieden.

Dem Buch und seinen Lesern bleibt zu wünschen, dass die Lektüre eine positive Einstellung zu einem offenen, vertrauensvoll-konstruktiven und nachhaltigen Umgang mit der – unendlichen – Ressource Wissen fördert und zu grenzüberschreitenden Vernetzungen beiträgt.

Dr. Jürgen Bolten, Professor für Interkulturelle Wirtschaftskommunikation an der Friedrich-Schiller-Universität Jena

Einleitung

Warum dieses Buch jetzt?

Der amerikanische Soziologe Daniel Bell versuchte in seiner bahnbrechenden Studie „The Coming of Post-Industrial Society. A Venture in Social Forecasting“ zu zeigen, dass Wissen die maßgebende Ressource der zukünftigen postindustriellen Gesellschaft darstellen werde. In den zuvor industrialisierten Gesellschaften hatten vor allem die Nutzung der Rohstoffe und Anhäufung von möglichst viel Kapital im Mittelpunkt wirtschaftlichen Schaffens gestanden. Nach Bell lässt sich der Strukturwandel der Gesellschaft an der Entwicklung zur Dienstleistungswirtschaft beobachten. Der Harvard-Ökonom Peter Drucker prägte darauf in den späten Sechzigerjahren als erster Wirtschaftswissenschaftler den Begriff der Wissensgesellschaft („knowledge economy“).

Drucker sagte eine massiv steigende Anzahl von Mitarbeitenden als Wissensträger in Firmen voraus, die hauptsächlich zur Produktivität beitragen. Die Frage ist, wo Unternehmen heute stehen. Wie nutzen Manager intern vorhandene Wissensressourcen? Nach Einschätzung einer der jüngeren Ausgaben des Harvard Business Review (2014) braucht die Mehrheit von Firmenchefs Unterstützung in der Transformation ihrer Unternehmen in eine wissensbasierte Organisation. Denn Innovationskraft durch interkulturellen Wissensaustausch wird in der globalen und sich weiter digitalisierenden Wirtschaft immer relevanter. Die Motivation für internationale Kooperationen und damit verbundenen interkulturellen Wissensaustausch kann unterschiedlich gelagert sein. Zwei Trends werden in diesem Buch zur Grundlage genommen:

Fachkräftemangel

Aus betriebswirtschaftlicher Perspektive ist der wachsende Fachkräftemangel Anlass für Unternehmen, Fachkräfte und deren Wissen weiterhin vermehrt aus anderen Kulturkreisen zu rekrutieren, Geflüchtete aus außereuropäischen Ländern eingeschlossen.

Geschäftserweiterungen

Unter der weiterhin gängigen Prämisse, dass Wachstum endlos sein soll, ergibt sich eine hohe Motivation für Geschäftserweiterungen in internationalen Märkten, das heißt, in andere Gesellschaften mit vielfältigen kulturellen Eigenschaften, Verhaltensweisen und unterschiedlichen Vorlieben für Kommunikationsformen einzudringen. Diese Erschließung neuer Märkte vollzieht sich häufig durch Mergers (Firmenzusammenschlüsse) oder Akquisitionen (Firmenübernahmen). Bei stabilem konjunkturellem Wachstum eines Marktes in einem bestimmten Industriebereich ist die Wahrscheinlichkeit gegeben, dass der Appetit auf Investitionen in ausländischen Märkten anhält.

Damit werden Kooperationen mit Menschen aus kulturell gemischten Teams immer häufiger. Ob dies durch Rekrutierung von Fachkräften bei organischem Wachstum geschieht oder durch Mergers oder Akquisitionen – es kann bei beiden Szenarien mit erhöhter Komplexität in der Integration vielschichtiger kultureller Unterschiede gerechnet werden. Denn die Frage, mit der sich deshalb dieses Buch beschäftigt, ist, wie Mitarbeitende unterschiedlicher Herkunft ihr Wissen austauschen. Dieser Frage liegt die Klärung zugrunde, ob Manager überhaupt Wissensaustauschprozesse führen können, und wenn ja, mit welchem Stil und welchen Mitteln sie zum Austausch des wertvollen Gutes motivieren können. Und wie führen Manager Innovationsprozesse an, wenn diese auch noch digital mit virtuell arbeitenden Teams optimal funktionieren sollen?

Verbunden mit dieser Fragestellung liegen diesem Buch zwei weitere Trends zugrunde:

Globale Start-up-Unternehmen mit E-Business-Produkten oder -Dienstleistungen und „digital nomads“, also Menschen ohne festen Arbeitsort, die auf virtuelle Kommunikation angewiesen sind, nehmen zu. Konzerne und KMU passen sich dem Trend an, um auf dem Arbeitsmarkt attraktive Arbeitgeber zu sein, indem sie flexible Wochentage einführen, an denen Mitarbeitende außerhalb des stationären Arbeitsplatzes arbeiten. Hinzu kommt der steigende Trend von Wochenendarbeit; die Bereitschaft zur E-Mail-Kommunikation, inklusive des Austauschs von Information und Wissen außerhalb klassischer Arbeitszeiten, ist in der freien Wirtschaft bereits Norm.

Flexible Arbeitsorte

In Deutschland werden diverse Weiterbildungsmasterstudiengänge angeboten, die die digitalen Geschäfte und deren Management in den Mittelpunkt stellen. Damit reagieren vor allem die Fachhochschulen auf den dringenden Bedarf an Fach- und Führungskräften in der digitalen Wirtschaft. Alle Branchen sind davon betroffen, digitale Transformationen zu vollziehen. Studien von „Deloitte Digital“ und „Heads!“ liegt die These zugrunde, dass die erfolgreiche Umsetzung der digitalen Transformation maßgeblich über das Überleben von Unternehmen entscheiden wird. Diese Transformation erfordert, so mag vermutet werden, eine „Digital Leadership“, das heißt eine Führungsform, die verstärkt virtuelle Teams oder auch Projektgruppen aufbaut. Fraglich ist, ob es überhaupt möglich ist, Mitarbeitende digital zu führen. Wenn dem so wäre, würden doch Roboter oder andere Kreaturen mit künstlicher Intelligenz Menschen führen können. In diesem Buch gehen wir davon aus, dass Menschen von Menschen geführt werden und die Nuancen der Führungs- und Kommunikationsstile sogar entscheidend für die Innovationskraft dieser heterogenen Teams oder Gruppen sind. Ähnlich argumentiert Liebermeister (2017) in ihrem Buch „Digital ist egal“.

Digitale Transformation

In den vier kurz skizzierten parallelen Entwicklungen liegen zwei miteinander verwobene Hauptaspekte, die den Wissensaustausch in der Zukunft überhaupt ermöglichen werden:

Die Kooperation innerhalb virtueller Teams und deren Führung sowie die Kooperation innerhalb heterogener Teams und die interkulturelle Führung.

Neue Strategien für Wissensaustausch erforderlich

Alle vier Entwicklungen erfordern Strategien, wie Wissensaustausch auf semivirtueller (also zum Teil virtueller) oder virtueller Ebene in interkulturellen Teams und Arbeitsgruppen stattfinden kann, davon ausgehend, dass Innovation und kontinuierliche Prozessverbesserungen als wettbewerbsfördernde Faktoren unternehmensweit als Ziele erkannt werden.

Grundsätzlich sind semivirtuelle und virtuelle Gruppen mit einem Dilemma konfrontiert: Analog zu Erkenntnissen aus der Arbeits- und Sozialpsychologie haben sie das Bedürfnis der informellen Direktkontaktkommunikation, können es jedoch nur eingeschränkt für Wissensaustausch und Wissensintegration als Gesamtgruppe befriedigen.

Kulturell bedingte Aspekte kommen hinzu: Die Wahrscheinlichkeit für interkulturell bedingte Missverständnisse steigt bei virtueller Kommunikation, es besteht also antizipierender Handlungsbedarf.

Die in diesem Buch dargestellten Handlungsorientierungen beruhen auf den Erkenntnissen einer wissenschaftlichen Arbeit der Verfasserin und sind empirisch mehrfach belegt. (Voigt 2017)

Was dieses Buch leistet

Auf Basis der dargelegten aktuellen Forschungsergebnisse zu Wissensaustauschprozessen werden Strategiemöglichkeiten und Ansätze für optimierten Wissensaustausch in heterogenen virtuell kooperierenden Arbeitsgruppen oder Teams vorgeschlagen. Sie beruhen auf jüngsten Erkenntnissen aus der Führungsforschung, dem Wissensmanagement und aus der Organisationpsychologie sowie aus der Tätigkeit der Autorin als Dozentin für internationales

Management und Executive Coach in Unternehmen. Im Grundansatz geht es stringent um zwischenmenschliche Verhaltensweisen und die mentale persönliche Bereitschaft, Wissen miteinander auszutauschen. Dabei werden die Rahmenbedingungen, wie Organisationsstruktur und Unternehmenskultur, aus psychologischer und soziologischer Perspektive in den Fokus genommen. Grundtenor dieses Buches ist die Darstellung der möglichen Einstellung von Menschen in wissensbasierten Unternehmen und die Frage, wie sie motiviert werden, Wissen auszutauschen und an der Innovationskraft ihrer Organisation mitzuarbeiten. Auf die Ausführung technischer Rahmenbedingungen wird verzichtet, da Tools letztendlich nicht von alleine Wissen austauschen – aber die Menschen dahinter.

Es geht um eine handlungsorientierte Darstellung für die Unternehmenspraxis, die ad hoc umsetzbar ist. Das Buch kann als Weiterführung von einschlägigen Büchern über Wissens- und Innovationsmanagement (wie Probst 2010 oder Hauschildt 2016) verstanden werden, mit der aktuellen Ergänzung durch den interkulturellen Faktor und das Thema der digitalen Führung. Das Buch ist auch eine Weiterführung bisheriger Werke mit interkulturellem Fokus auf Führung, Management und Kommunikation (wie Voigt 2009), denn die neuen Aspekte der netzwerkorientierten Organisationsstruktur und einer ausgeprägten Unternehmenskultur haben einen zusätzlichen zentralen Stellenwert für eine innovative Wissensgenerierung oder Wissensvertiefung in virtuellen, semivirtuellen und lokalen Teams mit integrierter interkultureller Kooperation. Zur Veranschaulichung, welche Innovationsstrategien bei welchem Unternehmenstypus greifen, werden konkrete Fallbeispiele von sehr unterschiedlich organisierten Unternehmen und deren verantwortlichen Geschäftsführern, Projekt- und Kommunikationsverantwortlichen dargestellt.

Wer dieses Buch liest

Wahrscheinlich sind Sie, liebe Leserin oder lieber Leser, in der Personalentwicklung, im Diversity Management, in der Geschäftsführung eines Unternehmens, als Ausbilder oder Ausbilderin von Fachkräften, Kommunikationsexperten, Wissensmanagern tätig; oder Sie sind einfach Führungsperson und Experte und jemand, der das eine oder das andere werden will und sich mit interkultureller Teamentwicklung, Führung und Wissenskommunikationsprozessen beschäftigen und dabei den Trends nicht nacheilen, sondern ihnen bei der täglichen Arbeit voraus sein will.

Wie dieses Buch aufgebaut ist

Im ersten Teil wird in einem Plädoyer Vielfalt als positiv besetztes Phänomen betrachtet, und es werden zudem Beispiele aus der Wirtschaft beschrieben, die Vorteile von Diversität unter Mitarbeitenden zeigen. Als wichtige Voraussetzung für Wissensaustausch gilt ein relativ stabiles Vertrauensverhältnis unter Mitarbeitenden. Dementsprechend wird beschrieben, wie zwischenmenschliches Vertrauen grundsätzlich entsteht, welche Rolle die Führung dabei haben kann und welche Fehler oftmals im Management gemacht werden, ohne die Folgen einer schleichenden Misstrauenskultur zu erkennen. Die Aspekte des virtuellen Vertrauensaufbaus und die damit verbundenen Faktoren der virtuellen Führungskommunikation sowie die Frage nach der Vertrauensentwicklung in unterschiedlichen Kulturen erweitern das Feld in Richtung Lösungsansätze.

Es wird weiter mithilfe von Forschungserkenntnissen beleuchtet, welche Organisationsstruktur sich für regen interkulturellen Wissensaustausch am besten eignet und mit welchen Kommunikationsmitteln Menschen motiviert sind, auch über ihre Funktionsbereiche hinweg für den Wissensaustausch bereit zu sein. Auch

Aspekte von Unternehmenskulturen fließen hierbei als wichtiger unterstützender Faktor ein.

Der gesamte erste Teil ist mit Beispielen zur Veranschaulichung der wissenschaftlichen Erkenntnisse gespickt und mit Fragen zur Selbstreflexion durchzogen, um Sie auf die eigene Lösungsfindung vorzubereiten. Denn nicht jede der im zweiten Teil vorgeschlagenen Lösungen kann für jeden zu hundert Prozent passend sein.

Im zweiten Teil werden Lösungsansätze in Form von differenzierten Führungsmodellen für verschiedene Formen des Wissensaustauschs geboten. Sechs Fallbeispiele aus der Praxis zu den unterschiedlichsten Unternehmensszenarien dienen als Inspiration für zukünftige Innovationsstrategien zur virtuellen Führung von internationalen Wissensträgern. In gebündelter Darstellung der relevanten Hauptaspekte besteht die Schlussbetrachtung dieses komplexen Themenbereichs aus Checklisten zur Anwendung für Manager und speziell auch für das Personalmanagement.

Für einen besseren Lesefluss wird auf die gleichzeitige Verwendung der weiblichen und der männlichen Form verzichtet.

TEIL I

1 Plädoyer für hohe Diversität

Das Plädoyer für virtuell oder semivirtuell arbeitende Teams ergibt sich aus den aufgeführten Trends der Digitalisierung und der digitalen Transformation sowie flexibler Arbeitsorte. Diese Trends sind von Unternehmensvertretern weitgehend akzeptiert, die Bereitschaft zur Umsetzung ist gegeben.

Der Bereich der heterogenen bzw. kulturell gemischten Teams hingegen wird in Unternehmen häufig als Luxusthema unterbewertet. Teilweise gehen Manager davon aus, dass sie als weit gereiste Geschäftsleute über ausreichend interkulturelle Erfahrung verfügen und deshalb die Führung unterschiedlicher Menschen im Griff haben. Andere Unternehmensvertreter trauen sich nicht an das Thema heran; die Gründe sind vielfältig: Bequemlichkeit, Angst vor dem Ungewissen im Umgang miteinander, Zeitengpässe oder sie sehen keinen Vorteil von Diversität im Teams und empfinden es eher als zusätzliche Last und zu große Herausforderung. Welche Gründe diesem defizitären Denken auch immer zugrunde liegen – Heterogenität in Teams oder Arbeitsgruppen wird in ihrer Relevanz hinsichtlich einer verbesserten Innovationskraft eines Betriebes weiterhin unterschätzt.

Interkulturelles Management als Reaktion auf Fachkräftemangel und als Chance für die Neugestaltung der Unternehmenskultur

Im Zuge der demografischen Veränderungen ist jedes Unternehmen auf das Verständnis für die Bedürfnisse seines Nachwuchses aus dem In- oder Ausland angewiesen. Zuhauf praktiziertes Hochschulmarketing zur Akquise der besten Hochschulabgänger ist nur wirklich dann Erfolg versprechend, wenn die Bedürfnisse der Zielgruppe klar sind und das Verständnis für diese Bedürfnisse nicht nur gezeigt, sondern auch gelebt wird. Bei Rekrutierungen aus europäischen oder auch außereuropäischen Kulturkreisen, egal welcher Altersgruppe, ist es essenziell, sich die Zeit zu nehmen, neu Rekrutierte zu verstehen, bevor die Arbeit beginnt. Zum Onboarding gehört es, die gesamte Belegschaft darauf vorzubereiten, Diversität zu akzeptieren und neu gewonnene Wissensträger zu honorieren.

Zum Onboarding gehört es, die gesamte Belegschaft darauf vorzubereiten, Diversität zu akzeptieren und neu gewonnene Wissensträger zu honorieren.

Es werden sich auch im Bereich von Führungspositionen Engpässe abzeichnen. Das bedeutet, dass große wie kleine Unternehmen auf Führungspersonen aus anderen Regionen verstärkt angewiesen sein werden. Diese Situation erfordert Diversityprogramme als integrierte Ausrichtung der Unternehmenskultur. Firmenchefs progressiver neuer Konzerne wie Google oder auch CEOs von Jahrhunderte alten Tankern wie dem Versicherungskonzern Lloyds of London verstehen es, ihre Unternehmenskultur mit Diversität als zentralem Anker neu auszurichten (siehe Interview mit CEO Inga Beale in Kap. 6). Die Chefs dieser Organisationen erkennen die Vorzüge hoher Kulturvielfalt: nämlich eine analog dazu ebenso hohe Vielfalt an wertvollen Ideenansätzen und damit im Resultat auch mehr Innovation. Vergleichbar ist diese Logik mit der überlebenswichtigen Biodiversität unseres Planeten. Je höher die Anzahl an Spezies, desto widerstandskräftiger bleibt die Erde. Teil dieser Widerstandskraft ist die Fähigkeit, sich weiterzuentwickeln, sich immer wieder neu zu erfinden und sich an Umstände anzupassen. Diese Anpassung wiederum setzt Innovation voraus. Die gleiche Gesetzmäßigkeit trifft auf die Widerstandskraft von Unternehmen zu, die sich auf dem Markt behaupten. Wer sich nicht von innen heraus erneuert und anpasst, geht zugrunde. Ein prominentes Beispiel ist der Fotografiebedarfshersteller Kodak, dessen CEO den Trend der Digitalisierung in der Fototechnik als bleibendes Phänomen so stark unterschätzte, dass die digitale Entwicklung der asiatischen Konkurrenz wie Canon, Nikon oder Sony am einstigen Weltmarktführer für Amateur-Fotokameras vorbeischoss.

Je mehr Vielfalt, desto mehr Bedarf an Struktur und Prozessen?

Man könnte mit einer Dosis Stereotypisierung behaupten, dass es „ein deutsches Ding“ ist, Komplexität in eine Prozessordnung mit Struktur zu bringen. Prozesse und Prozessverbesserungen sind in deutschen Unternehmen konstant unter Kontrolle oder werden kontinuierlich optimiert – das meinen jedenfalls viele Menschen außerhalb des Landes aufgrund alter Bilder aus der Vergangenheit. Es ist ein klassisches Stereotyp entstanden, das mit Fällen wie der zähen Entstehung des Berliner Hauptstadtflughafens oder der Bauverzögerung der Hamburger Elbphilharmonie zerlegt werden könnte. Wie erfolgreich oder auch nicht erfolgreich komplexe Prozesse nicht nur in Bauunternehmen vernetzt sind, wäre ein Thema für ein anderes Buch. Im Kern geht es auch bei Prozessen wie Wissensaustausch, Ideenaustausch, Austausch von unterschiedlichen Funktionsprozessen immer um die interne Vernetzung, deren Tool die Kommunikation ist. Und genau dort liegt der Hase im Pfeffer.

Trügerisch ist der Ansatz, Komplexität aufgrund von Unterschiedlichkeit in der Kommunikation, im Verhalten oder in der Arbeitsweise bei Menschen genauso in Prozesse zwängen zu können. Denn es ist die Komplexität dieser Unterschiedlichkeit, die den eigentlichen Mehrwert an unterschiedlichen Wissensansätzen oder Ideenreichtum beinhaltet, sodass ein Korsett von Prozessen oder (Über-)Strukturierung diese Diversität reduzieren würde.

Was tatsächlich bei hoher, als wertvoll erachteter Vielfalt nutzt, ist Zeit für Kommunikation und Austausch.

! Zu viel Struktur und Prozesse würgen wertvolle Ideenvielfalt ab.

Zwei erfolgreiche Beispiele zur Veranschaulichung

Case: Mettler-Toledo

Der ehemalige Geschäftsführer (1988–1997) des Waagenherstellers Mettler-Toledo, Johann Tikart, zeigte mit seinem Führungsstil eine offene Haltung für Heterogenität innerhalb dieses weltweit erfolgreichen Nischenplayers. Bekannt als strenger Analytiker, fand er in seinem Unternehmen eine ganze Reihe von Abläufen vor, die er nach seiner Rationalität neu ordnete. Solange er die Menschen zu deren Tun anleitete, funktionierte alles auch genauso, wie es seiner Rationalität entsprach. Doch sobald er seine Aufmerksamkeit abwandte, wurden die Dinge anders gemacht, als er sie sich nach seiner logisch-rationalen Vorstellung ausgedacht hatte. Der erste Reflex, die Menschen mit mehr Druck zu verändern, blieb erfolglos. Deshalb gestaltete er die Organisation so, dass seine Mitarbeitenden die Aufgaben in der Art und Weise erledigen konnten, wie sie es für richtig erachteten. Er betrachtete Unternehmen als natürliche Systeme, die nicht mit der Regelmäßigkeit einer Maschine funktionieren. Er setzte fortan seine Energie nicht zur Änderung der Mitarbeiter, sondern zur Schaffung von Rahmenbedingungen ein. Tikart bemühte sich also um eine Kulturarbeit, die nicht auf technokratische Komplexitätsreduktion setzt, und hatte damit Erfolg. (Wüthrich/Osmetz/Kaduk 2009)

Tikart betrachtete Unternehmen als natürliche Systeme, die nicht mit der Regelmäßigkeit einer Maschine funktionierten.

Case: W. L. Gore & Associates

Im amerikanischen Unternehmen W. L. Gore & Associates versucht man nicht, Diversität zu managen, sondern man erhebt die individuelle Vielfalt zum Standard der organisationalen Exzellenz. So konnte das Unternehmen, das sich hauptsächlich im Sektor der Sport- und Fitnessbekleidung mit Gore-Tex-Produkten einen Namen gemacht hat, ein stetiges Umsatzwachstum verzeichnen – trotz zunehmender Konkurrenz auf diesem Wachstumsmarkt. Die verarbeiteten Produkte basieren auf einem einzelnen Ausgangsstoff: PTFE (Polytetrafluorethylen). Um mit nur einem Ausgangsstoff zum Technologieführer in den unterschiedlichsten Branchen zu werden, braucht man eine Vielfalt an Ideen, andere Perspektiven, neue Ansätze und neue Zugänge. Gore rekrutiert und nutzt diese Vielfalt, indem auf die individuellen Stärken der Mitarbeitenden gesetzt wird. Man betreibt kein „Diversity Management" nach Quotenlogik, sondern folgt einem Managementverständnis, das der grundsätzlich vorhandenen Vielfalt von Menschen Raum gibt. Beim Eintritt in das Unternehmen kommt diese individuelle Vielfalt erstmals zum Tragen. Bei Gore kennt man keine standardisierten Assessmentverfahren, und die Personalabteilung unterstützt hauptsächlich in administrativen Fragen. Die eigentliche Personalauswahl findet durch die verantwortlichen Mitarbeitenden statt, die später auch mit den Kandidaten zusammenarbeiten werden. So kann es durchaus vorkommen, dass jemand mehrere Gespräche führt, bis das Team sich entscheidet. Im Kern geht es darum, dass der Mensch ins Team passen muss. (Wüthrich/Osmetz/Kaduk 2009)

Nach dem gleichen Prinzip ist auch der Technologiekonzern Google organisiert. Man vertritt die Philosophie, dass es auf die Persönlichkeit ankommt, ob jemand in eine Führungsrolle passt. Bei Gore geht man davon aus, dass nur dann jemand Führungskraft sein kann, wenn Menschen ihm oder ihr folgen und vertrauen. Die Vielfalt des Individuums wird konsequent ins Zentrum gestellt.

Mitarbeitende nach Maß führen zu Mittelmaß

So hat jeder Mitarbeitende neben dem Fachvorgesetzten eine zweite, von ihm selbst gewählte Führungskraft, deren zentrale Aufgabe es ist, die individuelle Entwicklung seines Mitarbeitenden zu fördern und zu unterstützen. Bei Gore hat man erkannt, dass der Traum von Mitarbeitenden nach Maß zu nichts anderem führt als zu Mittelmaß.

In seinem Bestseller-Sachbuch „The End of Average" (wörtlich: das Ende des Durchschnitts) führt Todd Rose, Direktor des „Laboratory for the Science of Individuality" der Harvard Graduate School, überzeugend aus, wie kontraproduktiv es ist, Menschen an Durchschnittsdaten zu messen. Dabei käme die wertvolle herausragende Individualität zu kurz, die für besondere Innovationen erforderlich ist. (Rose 2017)

Wie viel kulturelle Vielfalt wird oft mit Normierung oder Stereotypisierung „glattgebügelt" und „zurechtgestutzt"? Wie viel Diversität und Eigeninitiative wird unterdrückt, indem immer wieder die Vorschrift, die Stellenbeschreibung oder die Anweisung zur Quotenvielfalt hervorgeholt wird und man belehrend darauf hinweist, dass dieses oder jenes exotische Profil noch zwingend in das Unternehmen gehöre, ohne zu wissen, wie diese Vielfalt in der ganzen Komplexität wertschöpfend genutzt werden kann?

Viele Ideenansätze werden unterschiedlich kommuniziert – über die Kunst des Dialoges

Qualitativ hochwertige Innovation entsteht durch Wissens-, Erfahrungs- und Interessenvielfalt – also durch interkulturelle Pluralität – und das wiederum in Dialogen. Vielfalt ohne Dialog bzw. Dialog ohne Vielfalt bringt kein Ergebnis. Doch häufig fehlt es in deutschen Unternehmen an der Fähigkeit, sich in auf den ersten Blick oberflächlich erscheinenden, widersprüchlichen Dialogen mit dem Wissensaustausch weiterbringend zu befassen, ohne den gegenseitigen Respekt zu verlieren. Der Grund dafür liegt in der schulischen Grundausbildung, die uns in der zweiwertigen aristotelischen Logik lehrt, dass im Falle zweier einander widersprechender Aussagen mindestens eine falsch sein muss, und sozialisiert in einer kompetitiven, eher abgrenzenden und wenig integrativen Haltung fällt es uns verständlicherweise schwer, echte Dialoge zu führen. (Voigt 2009)

Falscher Anspruch auf omnikompetentes Wissen

Erschwerend kommt hinzu, dass unsere Gesellschaft im Alltag wenige Beispiele für gelingende Dialoge erlebt. In Sitzungen, in Gesprächen und nicht zuletzt in den Massenmedien erleben wir täglich eine Form der Kommunikation, die aus dem Aneinanderreihen von Monologen besteht. Selbst ernannte Experten, die von ihrer eigenen Omnikompetenz überzeugt sind, verkünden missionarisch ihre Wahrheiten, wie immer wieder in TV-Talkshows zu erleben ist. Was wir erleben, ist nicht zufällig, sondern gehorcht einer geschlossenen Systemlogik, denn in Gesellschaft und Wirtschaft sind pointierte, digitale Statements karrierefördernd, weil sie zur offenbar verlangten einseitigen Profilbildung führen. Der Dialog, so wie ihn unter anderem der Quantenphysiker David Bohm konturiert hat, basiert auf einer fundamental anderen Haltung: Aus dem Bewusstsein, dass wir die Architekten unserer eigenen subjektiven Wahrheiten sind, resultiert eine plurale Grundhaltung. Diese erlaubt, zuzuhören, anderen Meinungen mit Wertschätzung zu begegnen und in der Unterschiedlichkeit eine Chance für neue Lösungen zu sehen. (Kaduk, Osmetz, Förster in Voigt 2009).

Jedes Individuum ist ein mehrdimensionales System, das sich über viele Jahre und Orte immer wieder weiterentwickelt. Deshalb muss Vielfalt einen Raum erhalten, in dem sie nicht ständig bewertet, abgewertet oder vorverurteilt wird. Und Komplexität erfordert differenzierte Führung, insbesondere wenn es um Filterung eines wertvollen Guts geht: Wissen.

Begriffsdefinitionen

Im weiteren Verlauf des Buches werden Fachbegriffe aus der Sozialpsychologie, der Organisationsentwicklung, der Diversity-Forschung und aus der Forschung zu Führung und Wissensmanagement genutzt. Zum klaren Verständnis, wie diese Begriffe in diesem Buch zu interpretieren sind, hier ein paar Definitionen:

Ambiguitätstoleranz

Menschen mit der Fähigkeit, mehrdeutige Situationen und widersprüchliche Handlungsweisen zu ertragen, werden in der Psychologie als ambiguitätstolerante Personen bezeichnet. Sie sind in der Lage, widersprüchlich erscheinende Situationen ohne Stress zu ertragen. Somit können sie beispielsweise kulturell bedingte Unterschiede oder mehrdeutige Kommunikation, die weniger ambiguitätstoleranten Menschen als schwer verständlich oder sogar inakzeptabel erscheinen, wahrnehmen, ohne darauf aggressiv zu reagieren oder diese einseitig negativ oder mit Vorbehalten zu bewerten. Studien zufolge ist Ambiguitätstoleranz bildungsunabhängig und in einem gewissen Maß erlernbar.

Communities of Practice (CoPs)

Lave & Wenger (1991) etablierten CoPs zur Beschreibung informeller Gruppenstrukturen, die Interessen teilen oder an identischen Problemlösungen arbeiten und dafür ihr spezifisches Wissen teilen. Voraussetzung für eine Wissen austauschende CoP ist die aktive Teilnahme am Wissensaustauschsprozess möglichst aller Teilnehmenden. CoPs werden zunehmend in Matrixorganisationen integriert, um die sonst reglementierte Matrixstruktur mit crossfunktionalem Charakter zu bereichern, ohne sie zu verändern. CoPs verfolgen im Gegensatz zu Projekten nicht zwingend ein konkret vorgegebenes Projektziel.

Semivirtuelle Gruppen oder Teams

Verschiedene Variablen können Virtualität beschreiben, wie der prozentuale Anteil der Zeit, in der Gruppen ohne persönlichen Direktkontakt kooperieren, das Ausmaß von IT-Nutzung und variablem Zugriff auf technische Mittel sowie die physische Distanz der Teammitglieder zueinander.

Ein virtuelles Team wird als eine Ansammlung von Individuen definiert, die geografisch, per Organisation oder aus anderen Gründen verteilt arbeiten und mit oder ohne IT-Tools kommunizieren, um ein bestimmtes gemeinsames Ziel zu erreichen. Es können Projektteams oder langjährige Teams sein mit einer großen Bandbreite an möglichen Aufgaben, jedoch sind Grenzen nur eingeschränkt steckbar. Manager müssten den Kontext und das Ausmaß der Virtualität ihrer Teams erfassen, um sich anzupassen, denn jeder Typus von Teams hat verschiedene Kombinationen von Charakteristika, jeweils passende Kommunikationsprozesse und eine eigene Auswahl an am besten passender IT und Rollenverteilungen.

Des Weiteren ist zu differenzieren zwischen rein virtuellen Gruppen ohne Direktkontakt, Gruppen mit Direktkontakt und hybriden Gruppen mit unregelmäßigem Direktkontakt, also semivirtuelle Gruppen oder Teams. Letztere zeichnen sich durch unklare Strukturen und durch das Risiko der Subgruppenbildung aufgrund nur partieller Nähe unter einzelnen Mitgliedern aus.

Soziale Identitätstheorie

Identifiziert sich eine Person mit den Merkmalen einer sozialen Gruppe, deren Mitglied sie ist und mit deren Gruppenmitgliedern sie sich als ähnlich wahrnimmt im Sinne einer Ingroup, spricht man von sozialer Identität. Die Theorie der sozialen Identität (Tajfel & Turner 1986) geht davon aus, dass Menschen bestrebt sind, zu wissen, welche Position sie in Gruppen einnehmen. Über den Vergleich mit anderen Gruppenmitgliedern erfahren sie, wer wie bewertet wird und wie sie selbst bewertet werden.

Transformale und transaktionale Führung

Das sogenannte „Full Range of Leadership Model" des Organisationspsychologen Bass (1997) integriert die Konzepte der transformalen, der transaktionalen und der Laissez-faire-Führung in ein

Modell von Führungsstrategien und ihrer jeweiligen Effektivität in unterschiedlichen Situationen und Organisationskulturen.

Die Grundidee des transformalen Führungsstils ist, dass Mitarbeitende geführter Gruppen mit diesem Stil über ihre Erwartungen hinaus Leistungen erbringen, also mit transformaler Führung effizienter sind. Es geht demnach um die Motivation, für den Erfolg des gesamten Unternehmens zu arbeiten. Die Geführten (Follower) folgen inspiriert einer von der Führung kommunizierten Vision, zukünftigen Zielen, gesteckten Erwartungen, Ermutigungen, Optimismus und den vorgegebenen Werten. Transformale Führung kümmert sich zudem um die Belange, Ziele und individuellen Bedürfnisse einzelner Mitarbeitender und verfolgt einen coachenden Stil.

Transaktionale Führung beruft sich auf Belohnung („carrot“) und Maßregelung („big stick“). Ein transaktional führender Vorgesetzter kommuniziert deutlich die Erwartungen, macht gegenseitige, für alle stimmige Abmachungen, verhandelt Ressourcen für Follower, unterstützt, wenn Bemühungen erkennbar sind, und lobt bei guten Ergebnissen. Bei beobachtbaren Abweichungen von der Zielerreichung greift der transaktionale Vorgesetzte präventiv zur Fehlervermeidung ein.

Im Zusammenhang mit kulturellen Unterschieden und was die Wahrnehmung und unterschiedlichen Bedürfnisse von Followern betrifft, gilt: Transformale Führung kann autokratisch und direktiv sein, aber auch demokratisch und partizipierend (in Sinne des Harvard Business Konzepts 2001).

Das „Full Range of Leadership“-Führungsmodell entfernt sich von einem eindeutigen Entweder-oder-Ansatz für einen bestimmten Stil; vielmehr steht es für eine bedürfnisorientierte Führung, die wiederum ein gewisses Maß an differenzierter Wahrnehmungsfähigkeit der Führung voraussetzt, um situationsbedingt den Führungsstil überhaupt anpassen zu können.

Heterogenität

Auf die gegenwärtige Diversity-Forschung übertragen entstehen Eigenschaften und Bedürfnisse aufgrund von Strukturen in Beruf oder Familie, an Ausbildungsorten, in Arbeitsplatzkulturen und innerhalb persönlicher Bezugsgruppen (Bolten). Übertragen auf die Diversity-Forschung in der Wirtschaft haben Aspekte wie Organisationsstruktur, Unternehmenskultur, Standortkultur und Kulturen aufgrund beruflicher Funktionen zusätzlich gegenseitigen Einfluss auf Individuen jeder Gruppe. In diesem Sinne sind kulturelle Grenzen unscharf, Eigenschaften von Individuen vielfach zuordenbar oder eben gar nicht zuordenbar und folgen einer mehrwertigen „fuzzy logic" (Bolten). In der Konsequenz steht „fuzzy culture" für einen offenen holistischen Kulturbegriff, der jegliche Heterogenität zulässt. Mit der Aufweichung von kulturellen Grenzen transformiert sich mit logischer Folge der Entweder-oder-Ansatz zum Sowohl-als auch-Denken.

Mit dieser einhergehenden Erweiterung der individuellen Identität entfernen sich auch andere Kulturwissenschaftler vom Denken der binären sozialen Systemkonstruktionen.

Diversity Management

Von diesem Begriff wird in diesem Buch kein Gebrauch gemacht, da abstrakte Dinge wie Diversität nicht zu managen sind, sondern vielmehr Menschen, deren Hintergrund divers ist. Das gleiche Prinzip gilt für den Umgang mit dem Begriff Wissensmanagement.

Wissensmanagement

Wissen ist eine prozedurale Kompetenz, es ist dynamisch, indem es Wirklichkeit verändert und an diese angepasst wird. Wenn Wissen an versprachlichtes Bewusstsein gebunden ist, ganzheitliche Kontexte umfasst und dynamisch Realitäten verändert, stellt sich die Frage, ob dieses Wissen als somit abstraktes Phänomen zu managen ist. Wenn auch Wissensmanagement als Begriff seinen Platz in der Wissenschafts- wie auch in der Wirtschaftsliteratur erobert hat, ist es deshalb präziser, von Wissensaustausch oder, noch genauer, der Ermöglichung des Wissensaustauschs zu sprechen.

Organisationskultur/Unternehmenskultur

Unternehmen sind Sinngemeinschaften, deren gemeinsame Kultur Fundament organisatorischen Handelns wird. Als viel zitierter Wegbereiter des Forschungsbereichs Organisationskultur definiert Schein Organisationskultur („organizational culture“) als Synomyn für Unternehmenskultur („corporate culture“) als Menge von gegebenen impliziten Annahmen, die Gruppen für sich vereinen und teilen. Diese implizit kaum fassbare Annahme von Werten geschieht bei Menschen oft unbewusst und bestimmt die Wahrnehmung, das Verhalten und Denken in einer Gruppe und entscheidet somit auch über Reaktionen auf das Umfeld vonseiten der Gruppe. Kultur innerhalb einer Gruppe oder Subgruppe kann somit als geteiltes mentales Modell betrachtet werden, das die Wahrnehmung und Selbstwahrnehmung beeinflusst.

Kultur in Unternehmen hat vielschichtigen Einfluss auf individuelle Verhaltensweisen, die für den Anstoß für Wissensaustausch zentral sind. Kultur zeigt sich in Werten, Normen und Verhaltensweisen in der Praxis, wobei Werte so tief in einer Kultur verwurzelt sind, dass sie schwer benennbar sind, das heißt auch, dass sie dadurch auch schwer veränderbar sind. Die auf Werten aufbauenden Normen sind leichter zu erkennen. Das bedeutet weiter: Um Wissen in einer Organisationskultur auszutauschen, sind bestimmte Verhaltensweisen nötig, die eine Kultur klar sichtbar machen, also wie sich Mitarbeitende in ihrer Kommunikation verhalten.

Kultur beeinflusst Wissensaustausch insofern, als dass jeder Mitarbeitende für sich diese Kombination unter Umständen auf unterschiedliche Art praktiziert, was bedeutet, dass Interaktionen besonders in heterogenen Gruppen uneinheitlich ablaufen können.

Im Zusammenhang mit der Entwicklung einer Organisationskultur ergibt sich schließlich die Frage nach der Rolle der Führung. Als die Theorie der Organisationskultur prägend wird in diesem Buch mit der Auffassung gearbeitet, dass Firmenchefs einen signifikanten Einfluss haben auf die Entstehung der Organisationskultur, welche sie auch entwickeln und pflegen sollten.

2 Herausforderung Vertrauen und Führung

Der besondere Stellenwert von Vertrauen

Vertrauen innerhalb eines Teams oder einer Projektgruppe ist eine wichtige Voraussetzung für den Austausch von Wissen, das allgemein als wertvolles Gut betrachtet wird, also damit auch ein mögliches positives Alleinstellungsmerkmal jedes Mitarbeitenden ist. Wer sich dessen bewusst ist, überlegt sorgfältig oder handelt nach Instinkt, mit wem er oder sie dieses persönliche Wissen teilt. Denn mit der Weitergabe dieses Wissens verlieren Mitarbeitende eben dieses unter Umständen einzigartige Wissen, und ihr individueller Wert als menschliche Ressource im Sinne des Human Ressource Managements verliert möglicherweise an einzigartigem Wert.

Nur wer bereit ist, für das große Ganze eines Unternehmens tätig zu sein, ist auch bereit, das große Ganze freiwillig und motiviert mit diesem Wissen zu versorgen. Diese Einstellung erfordert zwei Sorten von Vertrauen: Das eine ist persönliches bzw. interpersonelles Vertrauen in alle Mitarbeitenden, in die Teammitglieder inklusive Vorgesetzter und in die Projektgruppenmitglieder. Das andere ist Vertrauen in die Organisation, das Unternehmen oder eine Institution, sogenanntes institutionelles Vertrauen.

Wenn Sie als Leser nun bereits überlegen, wie das an Ihrem Arbeitsplatz aussieht mit diesem Vertrauen, dann ist das gut so, denn es ist ein konkretes Anliegen dieses Buches, Sie während der Lektüre immer wieder selbst reflektieren zu lassen. Damit Sie das gezielter machen, beginnen wir mit einzelnen Erkenntnissen zur Vertrauensentwicklung.

Interpersonelles Vertrauen

Es braucht Zeit, interpersonelles Vertrauen zu entwickeln. Viele Möglichkeiten für persönliche Face-to-Face-Kommunikation, also Kommunikation mit sichtbarem Augenkontakt, Mimik, Gestik, Körperhaltung und der Stimmtonalität (nonverbale Kommunikation) sind ideal, was sich jedoch bei virtueller Kooperation zwischen Arbeitsstandorten als unregelmäßig erweist. Aus der Forschung ist bekannt: Kommunikation und Vertrauen sind interdependent. Vertrauen ist sowohl Voraussetzung für transparente und glaubwürdige Kommunikation als auch zugleich das Resultat transparenter und glaubwürdiger Kommunikation. Es liegt also ein Dilemma im virtuellen Austausch vor: Interpersonelles Vertrauen entsteht durch verbale und nonverbale Kommunikation, und zugleich kann interpersoneller Wissenstransfer nur auf Basis von verbaler und idealerweise zugleich auch nonverbaler Kommunikation stattfinden.

Teufelskreis

Vertrauen entsteht durch Kommunikation und Wissensaustausch. Kommunikation und Wissensaustausch führen zu Vertrauen.

Damit persönliche Vertrauensverhältnisse aktiv gestaltet werden können, so Vertrauensforschern wie Guido Möllering zufolge, müssen sich die im Prozess involvierten Personen gegenseitige Offenheit entgegenbringen und intensive Kommunikation ermöglichen. Vertrauensentwicklung kann demnach als aktiver Arbeitsprozess beschrieben werden. Dieser ist nötig, da Vertrauen nicht durch externe Hilfe entsteht, Individuen müssen sich vielmehr öffnen.

In experimentellen Studien konnte gezeigt werden, dass interpersonelles Vertrauen die Mitwirkung bei Entscheidungen sowie Problemlösungsprozesse in Gruppen positiv beeinflusst. Die Bildung von Vertrauen ist stark von persönlichen, informellen Faktoren abhängig, die mit einer gemeinsamen Vorgeschichte einer Bekanntschaft oder Zusammenarbeit zwischen Managern einen wichtigen Faktor darstellen.

Gegenseitige Offenheit, gepaart mit persönlichem Austausch, wirkt sich förderlich auf Vertrauensbildung aus.

Der Wirtschaftswissenschaftler von Rosenstiel postuliert zum Verhältnis Vertrauen und Wissenstransfer: „Wissensmanagement setzt Vertrauen voraus, denn wer misstrauisch ist, dürfte kaum bereit sein, eigenes Expertenwissen weiterzugeben und sich im Extremfall damit ersetzbar zu machen. Entsprechend ist es eine für das Wissensmanagement unverzichtbare Forderung an die Unternehmensführung, eine Kultur des Vertrauens aufzubauen."

Eine Kultur des Vertrauens muss von der Führung geschaffen werden!

Der Zerstörer „Angst vor Jobverlust"

Die Angst vor einem Jobverlust wirkt wie ein Giftpfeil auf eine Kultur des Vertrauens. Befürchtungen von Jobverlusten an einem bestimmten Standort eines Unternehmens führen zu reduziertem Wissensaustausch mit den Mitarbeitenden derjenigen Standorte, an denen keine Jobs in Gefahr zu sein drohen. In Konzernen herrscht häufig die Befürchtung, dass Jobs in die Hauptstandorte verlagert werden. Deshalb halten Kollegen in Satelliten-Standorten oft ihr Wissen zurück.

Es geht hier im Prinzip um eine eingeschränkte Gleichbehandlung zwischen den Standorten, die wiederum die Gefahr von kontraproduktiver Subgruppenbildung je Standort bedeuten kann. Auf das Problem der Subgruppenbildung wird im Verlauf der folgenden Kapitel genauer eingegangen. An dieser Stelle sei zunächst der

Sozialphilosoph und Systemtheoretiker Niklas Luhmann herangezogen, dessen Gedanken zur Entwicklung von Vertrauen unsere Gesellschaft zu einem gewissen Ausmaß prägen.

Sozialphilosophie des Vertrauens nach Luhmann

Da Menschen im Hier und Jetzt entscheiden müssen, ob sie jemandem vertrauen können und wollen, müssen sie mit einem Vertrauensvorschuss eine „riskante Vorleistung" erbringen, da sie im Vorfeld nicht wissen können, ob ihr Vertrauen gewinnbringend sein wird. Die Komplexität liegt maßgeblich in der Unkontrollierbarkeit dessen, was nach der Vergabe von Vertrauen passiert. Vertrauen ist letztlich immer unbegründbar und entsteht damit intuitiv, das heißt durch eine Kombination von Wissen und Nichtwissen. Um der sozialen Komplexität entgegenzugehen, müssen Menschen sich gegenseitig Vertrauen als Wagnis schenken. Die innere Sicherheit jedes einzelnen Mitarbeitenden unterstützt die positiven Beziehungen innerhalb von Teams. Fragen zu stellen, bedeutet Verwundbarkeit zu zeigen, was ein Indiz für innere Sicherheit im Team ist.

Frage zur Selbstreflexion:
Werden in Ihrem virtuellen Team Fragen zum Verständnis, zum Voranbringen von Gedanken oder auch einfach „blöde Fragen" gestellt?

Luhmann ging in seinen Definitionen nicht speziell auf kulturelle Aspekte ein – wahrscheinlich, weil Heterogenität in seiner Wirkungszeit noch nicht so aktuell und nachhaltig war wie heute. In Kapitel 3 versuchen wir, diesen Bogen selber zu spannen.

Verdeckte doppelte Aufgabenverteilung ist Gift

Häufig entsteht ein Kampf um die Daseinsberechtigung in einer Position aufgrund interner Konkurrenz. Diese interne Konkurrenz wird z. B. angefeuert durch doppelte, nicht kommunizierte Aufgabenverteilung an verschiedenen Standorten. Manche Manager glauben, maximale Ziele zu erreichen oder Prozesse optimieren zu können, wenn sie für eine bestimmte Problemlösung zwei verschiedene Teams ansetzen, ohne dass diese voneinander wissen, dass sie am gleichen Projekt arbeiten. Rein verfahrenstechnisch betrachtet mag dieser wettbewerbsbetonte Ansatz sinnvoll erscheinen. Diese Doppelverteilung wird jedoch fatal vertrauenswidrig, wenn sie zufällig ans Licht kommt. Denn der Haken dabei ist, dass Menschen innerhalb eines Unternehmens – mal mehr, mal weniger – Kontakt untereinander pflegen, was per se durchaus positiv für den grundsätzlichen Kommunikationswillen dieser Mitarbeitenden zu bewerten ist. Diese Mitarbeitenden beklagen dann einen massiven Vertrauensverlust gegenüber ihren Kollegen und ihrer Führung. (Voigt 2017)

Es entsteht zudem das Gefühl, nicht kompetent genug zu sein, um bestimmte Aufgaben zu lösen. Dass Vorgesetzte, die diese Methode verfolgen, sich dieser psychologischen Schleife bewusst sind, kann bezweifelt werden, denn welche Führung wünscht sich Teams mit geringem Kompetenzgefühl und geringem Selbstvertrauen?

Um diesen Effekt überhaupt zu erkennen, ist ein solides Maß an Einfühlungsvermögen vonseiten der Führung erforderlich. Vertrauen ist ein aktiver Prozess, der entscheidend vom Ausmaß des empfundenen eigenen Kompetenzgefühls bzw. des Selbstvertrauens abhängt. Einfühlungsvermögen seitens der Führung bildet somit eine Vorbedingung für Kooperation und Wissensaustausch.

Der Zerstörer „Management mit Drohung"

Führungspersonen, die meinen, autokratisch führen zu wollen oder zu müssen, um ihre Mitarbeitenden mit Druck produktiver, effizienter oder effektiver zu machen, kommunizieren häufig mit pessimistischen, Schuldgefühle verursachenden Aussagen z. B. in E-Mails, über die sich dann die Belegschaft verunsichert austauscht. Hier ein Beispiel einer solchen E-Mail eines kleinen Dienstleistungsunternehmens:

„Liebe Kolleginnen und Kollegen,

wir können wie jedes andere Unternehmen nur ausgeben (zur Deckung unserer Personal- und Sachkosten), was wir einnehmen; 70 % unserer Einnahmen bekommen wir aus unseren Direkterlösen;

im Herbst verlassen uns rund 120 Kunden regulär oder aufgrund von Nichteignung oder wegen Kündigungen unterschiedlicher Genese.

Wir benötigen mindestens 125 neue Kunden als wirtschaftliche Basis für 2019;

aktuell haben wir noch keine 50, das ist kritisch.

Wichtigste „Verkaufspunkte" sind die Anwerbertage.
Die nächsten 7 Anwerbertage und die Spezialaktionen sind absolut entscheidend.

Wir werden bis Montagabend über Genaueres informieren."

Frage zur Selbstreflexion:
Wie wirkt diese E-Mail-Ansprache auf Sie? Welchen Effekt hat sie auf Ihr Vertrauen in das Unternehmen und in die Führung?

Checkliste zur eigenen empfundenen Motivation in der Lage:

Positiver Effekt:

- ☐ Ich bin nach wie vor voller Tatendrang.
- ☐ Jetzt erst recht mit Vollgas.
- ☐ Jetzt gebe ich alles.
- ☐ Gemeinsam packen wir das.

Negativer Effekt:

- ☐ Ich habe Schuldgefühle, dass der Laden evtl. bald schließt, weil ich nicht genügend getan habe.
- ☐ Ich bin bald arbeitslos
- ☐ Die anderen Verkäufer sind Nieten.
- ☐ Die Führung ist schuld.
- ☐ Wieso jetzt plötzlich dieser Druck?
- ☐ Das schaffen wir nie.

Zum Hintergrund dieser authentischen E-Mail:

Der Geschäftsführer dieses KMUs kann als der Klassiker des allwissenden autokratischen „petit chef" („kleiner Chef") bezeichnet werden, der den finanziellen Druck von oben, sprich von den Eigentümern oder Hauptgesellschaftern, nach unten direkt weitergibt. Ob er dies bewusst tut oder unbewusst diesen Druck in seiner Kommunikation weitergibt, sei dahingestellt und tut hier auch nichts zur Sache. Allerdings sollte jede Person in der Funktion der Geschäftsführung sicherstellen, dass eine offizielle Ansprache mehr Vertrauen erzeugt und bedingungslos positiv formuliert ist. Wenn die Rede von einer „kritischen" Lage ist und die nächsten Tage „absolut entscheidend" sind, dann spüren tendenziell eher pessimistisch gelagerte Charaktere, dass sowieso bald alles vorbei ist. Menschen mit einem hohen Sicherheitsbedürfnis werden nervös, was ihre Zukunft betrifft, und werden entweder noch einmal Vollgas geben oder aus Angst vor Jobverlust sich präventiv in neue Wege flüchten. Menschen mit Bedürfnis nach menschlicher Nähe sind mutmaßlich enttäuscht und als Reaktion verunsichert, das persönliche Vertrauen schwankt. Andere mit weniger Hang zu zwischenmenschlicher Nähe und Vertrautheit bleiben eher entspannt, geben Gas, können aber auch evtl. weniger motiviert sein. Wieder andere stehen einem Wechsel eher offen gegenüber und verabschieden sich mental. Alle Reaktionsweisen haben eine Gemeinsamkeit: Vertrauensverlust – wenn auch unterschiedlichen Ausmaßes – in das Unternehmen und/oder den Chef.

Wir fassen zusammen:

Reaktionsweisen bei Vertrauensverlust

- Stiller mentaler Abschied bei wechseloffenen Typen
- Verunsicherung und Enttäuschung bei näheorientierten Typen
- Rückzug mit Suche nach Distanz bei Distanztypen
- Ambivalente Reaktion bei langzeitorientierten Sicherheitstypen

(mehr zu Vertrauensentwicklung und Vertrauensverlust analog zu heterogenen Tendenzen in Kap. 3)

Eine Führungskommunikation mit Drohung und implizit interpretierbarer Schuldzuweisung führt zu personellem Ausbluten einer Belegschaft aus den dargestellten Gründen. Wenn es die Intention einer E-Mail dieser Art ist, die Mitarbeitenden freiwillig gehen zu lassen, dann bietet das eine Diskussion zur Stilfrage. Wenn es jedoch nicht die Intention ist, dass die Mitarbeitenden zu einer hohen Wahrscheinlichkeit das Unternehmen verlassen, dann soll dieses Beispiel als warnende Abschreckung für Vertrauensverlust mit Folgen dienen.

Das Vertrauens-Viagra 1: zwischenmenschlicher Vertrauensaufbau

Der Psychologe Franz Petermann (2013) identifiziert drei Phasen für den Vertrauensaufbau.

- **Phase 1:** die Herstellung einer verständnisvollen bzw. vertrauensvollen zwischenmenschlichen Kommunikation
- **Phase 2:** Abbau bedrohlicher Handlungen
- **Phase 3:** gezielter Aufbau von Vertrauen durch Einsatz von vertrauensfördernden Handlungen

Voraussetzung: aufmerksame Wahrnehmung

Es ist undenkbar, Vertrauen zu erlangen, wenn es einem nicht gelingt, die Absichten bzw. Bedürfnisse des Partners sensibel zu registrieren. Es geht demnach um die Wahrnehmung von Signalen des anderen und um die Zuwendung von Aufmerksamkeit gegenüber dem Partner. Selbstbezogenheit und Konkurrenzverhalten behindern eine sensible Wahrnehmung und das Interesse am anderen, folglich auch das Einfühlungsvermögen.

Konkurrenzverhalten ist ein Zeichen der Intention, die eigene Macht zu erhalten bzw. nicht für eine Kooperation im Sinne eines Wissensaustauschs bereit zu sein.

Fragen zur Selbstreflexion:

Wie ausgeprägt ist in Ihrem Team oder Unternehmen ein mögliches Konkurrenzverhalten und wie äußert es sich in der zwischenmenschlichen Kommunikation? Gibt es gegenseitige indirekte Drohungen? Wie stehen Sie selbst zu konkurrierendem Verhalten?

Konkurrenzverhalten in Teams Öl ins Feuer

Der altbekannte Satz „Wissen ist Macht“ kann als Öl ins Feuer von Konkurrenzverhalten bezeichnet werden, denn es ist leider immer noch Usus in unserer Gesellschaft, dass sich Menschen hauptsächlich für das eigene Wohl und die eigene Karriere am Arbeitsplatz einsetzen und das eigene Wissen als Kapital für sich behalten wollen. Diese selbstbezogene Denk- und Verhaltensweise steht diametral zu einer wissensbasierten Kooperation und ist auf dem Weg, Schnee von gestern zu werden. Innovationsbetriebene Unternehmen wie Google oder Gore haben das längst erkannt. Andere stehen noch vor einer Transformation, die im Zuge der Digitalisierung erleichtert durchgeführt werden kann.

Leistungsmessung per Teams

Erfolgreiche Unternehmen aus ebenfalls individualistisch geprägten Gesellschaften wie den USA haben diesem wissensaustauschfeindlichen, selbstbezogenen Verhalten entgegengesteuert. So werden beispielsweise Mitarbeitende nicht einzeln für ihre Leistung bewertet, sondern nur im ganzen Teamverbund. Diese Leistungsbewertung im Verbund führt dazu, dass sich die Teammitglieder gegenseitig unterstützen, um gemeinsam innovativ stark zu sein. Eine Konkurrenz herrscht bei Google eher zwischen Teams, und das im verspielt sportlichen Sinn und vor allem transparent mit dem Wissen um diesen „sportlichen Wettbewerb". Ein ähnliches Performance-Management-Verfahren wendet der globale IT-Konzern SAP an. Wissen ist bei SAP und Google als Macht für ein ganzes Unternehmen definiert, wie sich eindeutig in den Bilanzen von Google und SAP manifestiert.

Ziele sind standortunabhängig

Bei Google und SAP ist es unwesentlich, ob sich einzelne Mitglieder täglich im Büro, in der Pause an der Kaffeemaschine oder beim Rauchen vor der Tür sehen. Der Kitt eines kooperativen Zusammenhalts ist das gemeinsame Ziel – egal, wo die Leute sitzen. Das gemeinsame Ziel bestimmt über das Maß an gegenseitigem Vertrauen und ist der Anreiz zu Vertrauen.

Ein sicherer Anreiz, sich gegenseitig zu vertrauen, sind standortunabhängige Team-Performance-Maßnahmen mit definierten Zielen. Gemeinsame Ziele wirken in global agierenden Konzernen dem selten gegebenen nonverbalen Wissensaustausch in virtuellen Teams als positiver Faktor entgegen.

Zu den wahrnehmbaren Signalen der Kommunikation zählen auch Mimik, Gestik, Körperhaltung – nonverbale Signale, die in der virtuellen Kommunikation limitiert sind. Entscheidend ist, dass Einfühlungsvermögen das Risiko vermindert, anderen ungerechtfertigt zu vertrauen. Dieses verringerte Risiko trägt zu einem selbstsicheren Verhalten bei. Einfühlungsvermögen ist damit eine Voraussetzung, die uns erleichtert, in angemessener Weise Vertrauen zu entwickeln. Es ist allerdings wahrscheinlich, dass bei mehreren Standorten und der sich daraus gegebenen virtuellen Kommunikation zwischen Gruppen das Einfühlungsvermögen wegen der geografischen Distanz eingeschränkt ist, sodass das Risiko, weniger Vertrauen entwickeln zu können, erhöht ist.

Relative Hürde nonverbale Kommunikation

In einer Struktur mit gering spontaner Kommunikation und reduzierter physischer Von-Mensch-zu-Mensch-Kommunikation erschwert sich die persönliche Vertrauensbildung als Basis für Wissensaustausch. Vertrauensvolles Verhalten ist verbal und nonverbal konsistent und vermittelt dem Partner Interesse an seiner Person und Zuversicht. Es genügt sicher nicht, eine Person auf rein verbaler Ebene als vertrauenswürdig auszuweisen. Vielmehr sei es das konkrete beobachtbare Verhalten in Situationen, welches entscheidende Anhaltspunkte für die Bewertung der Vertrauenswürdigkeit darstellt. (Petermann 2013) Letztendlich übergeben wir keinem Notar wichtige Dokumente wie Erbschriften, ohne ihn vorher persönlich kennengelernt zu haben, um uns „ein Bild" von der Person zu machen. Die Redewendung in der deutschen Sprache verrät bereits den Stellenwert visueller Wahrnehmungsmöglichkeiten.

Vertrauensbereitschaft variiert

Interpersonelles Vertrauen ist eine Disposition, eine mentale Haltung, die primär aus dem Glauben an Zuverlässigkeit, Fairness und Durchschaubarkeit desjenigen besteht, dem man vertraut. Diese Disposition ist bei Menschen unterschiedlich ausgeprägt, sodass die Vertrauensbereitschaft aufgrund unterschiedlicher Erwartungshaltungen variiert. Tendenziell vertrauensvolle Menschen gehen positiv an Probleme heran und werden als verlässliche Partner geschätzt.

Zur Veranschaulichung trifft hier die Analogie des halb vollen und des halb leeren Wasserglases zu. Menschen mit einer positiven Einstellung bezeichnen ein solches grundsätzlich eher als „halb voll". Diese positive Grundeinstellung versprüht Vertrauen, denn unbewusst steht eine positive Einstellung für einen Grund, den Aktionen einer Person zu vertrauen, an sie zu glauben. Menschen fällt es leichter, freiwillig anderen zu folgen oder mit ihnen zu kooperieren und ihr Wissen auszutauschen, wenn diese Optimismus zeigen. Tendenziell misstrauische Personen sehen ein halb leeres Glas, was als Interpretation weniger positiv besetzt ist und damit weniger Anlass gibt, diesem Menschen zu vertrauen. An dieser Stelle sei an das Beispiel der E-Mail des Geschäftsführers des KMU erinnert. (Kap. Management mit Drohung)

Prinzip Gewinnkalkül

Manche Soziologen interpretieren Vertrauen als zweckrationales Konzept. Hierbei wird Vertrauen als eine Form des „sozialen Kapitals" gesehen, das eine erhebliche Bedeutung für die Form der Zusammenarbeit und für die Wettbewerbstätigkeit eines Unternehmens hat. Denn die Vertrauensvergabe verschafft dem Treuhänder Ressourcen, die seine Handlungsmacht fördern. Und falls der Treuhänder sich als vertrauenswürdig erweist, verschafft die Vertrauensvergabe auch dem Treugeber Gewinne. Der Anreiz, in Vertrauen zu investieren, liegt nach der sogenannten „Rational-Choice-Theorie" nach dem Soziologen Coleman in der Kalkulation eines Gewinns. Das bedeutet, es muss sich lohnen, Vertrauen zu schenken.

Der Anreiz, in Vertrauen zu investieren, kann bei Teammitgliedern durchaus zusätzlich in der Kalkulation eines persönlichen Gewinns liegen. Gewonnenes Wissen für die eigene Zukunft bringt die eigene Karriere weiter. Unterschiedliche Gründe für einen hohen Stellenwert des Wissensaustauschs weisen auf unterschiedliche Motivation für Wissensaustausch hin.

Frage zur Selbstreflexion:
Wie hoch schätzen Ihre Teammitglieder den Wert des Wissensaustausches als gemeinsame Ressource ein, sodass sie im Sinne einer verstärkten Wettbewerbsfähigkeit darin investieren, interaktiv und vertrauensvoll miteinander zu kommunizieren?

Wissensaustausch setzt Vertrauen voraus, da Wissen eine Ressource ist, die geteilt wird, wenn klar ist, was mit dem Wissen geschieht. Damit ist die Entscheidung, Wissen auszutauschen, eine rationale Entscheidung, für die allerdings nur ein minimales Risiko bestehen darf; es muss sich im Sinne der Gruppe und für jeden Einzelnen lohnen. Wissensaustausch erfordert das Gefühl der Sicherheit, in Vertrauen investieren zu können.

Frage zur Selbstreflexion:
Ist die Sicherheit für diese Vertrauensinvestition in Ihrem Umfeld gegeben? Woran erkennen Ihre Kollegen diese Sicherheit?

Die Erwartungen an die Führung

In einer explorativen Studie (Voigt) mit hierarchisch gleichgestellten IT-Managern eines Versicherungskonzerns kamen das Verfolgen von Individualinteressen und der Schutz des eigenen Wissensbereichs deutlich zum Ausdruck – wie in folgenden Antworten aus Interviews dieser Studie erkennbar:

„Die Herausforderung ist, ein gemeinsames Ziel zu verfolgen, aber jeder will in seinem eigenen Umfeld erfolgreich sein."

„Die Peers haben eher individualistische Interessen, weniger folgen sie gemeinsam einer Vision."

„Die Peers fokussieren auf ihren Bereich und schützen diesen."

„Man verfolgt bei uns eigene Interessen. Damit erfolgt eine Isolation der einzelnen Funktionen."

„Manche teilen nicht, sie sichern ihr Wissen für sich ab und halten es für sich."

Darüber hinaus ist augenfällig: Es fehlt anscheinend an gemeinsamen Zielen und an einer gemeinsamen Vision. Die Vermutung liegt nahe, dass vorgegebene Ziele für Wissensaustausch und die Vision, wofür letztendlich Wissen ausgetauscht werden soll, eine Art Anleitung und Motivation sind, sich zielführend auszutauschen.

Geht man davon aus, dass Vertrauen auch eine starke emotionale Verankerung braucht, um stabil und langfristig zwischen Kooperationspartnern zu bestehen, muss jemand in diesen Gruppen ein Umfeld bereiten, um diese Rahmenbedingungen zu bieten – und das ist meist die Führung, wenn es sich um eine hierarchisch angelegte oder Matrixorganisationsstruktur des gesamten Unternehmens handelt.

Frage zur Selbstreflexion:
Wie aktiv ist Ihre Führung im Schaffen eines Umfeldes des Vertrauens? Und wie lässt sich dieses positive Umfeld erkennen?

Achtung, Erwartungsfalle!

Es gibt Situationen, in denen die Führung eigenverantwortliches Handeln von Teams oder Arbeitsgruppen erwartet, ohne sich der Erwartung der Teammitglieder bewusst zu sein, Vorgaben von der Führung zu erhalten. In so einem Fall kann aus der Erwartungshaltung der Führung gedeutet werden, dass die Führung den Teams Vertrauen entgegenbringt, mit ihren eigenen Fähigkeiten entsprechend Wissen miteinander auszutauschen. Unbewusst geht die Führung hier allerdings ein Risiko ein – wobei vermutlich das Risiko eines schädigenden Verhaltens nicht gesehen oder als so niedrig eingestuft wird, dass Vorgaben für Wissensaustauschprozesse oder die Kommunikation von Erwartungen vernachlässigt werden. Der wahrscheinlich ungewollte Effekt des Entgegenbringens des Vertrauensvorschusses ist geringfügiges Vertrauen der Teams gegenüber der Führung. Oftmals wird zu viel selbstverständliche Vertrauensvergabe als Führungsschwäche interpretiert!

Oftmals wird zu viel selbstverständliche Vertrauensvergabe von der Führung als Führungsschwäche interpretiert!

Führungstool Vorbildfunktion

Teams erwarten von ihrer Führung, dass sie eine Vorbildfunktion einnimmt, klare Linien vertritt, Ziele kommuniziert und aktiv für Integration sorgt. Durch zu wenig Vorgaben und damit fehlende Kontrolle der Einhaltung von Vorgaben entstehen Vertrauensverluste bei Mitarbeitenden. Es kann davon ausgegangen werden, dass bei geringer Wahrnehmung der Vorbildfunktion des Chefs die Motivation für Wissensaustausch und das Vertrauensverhältnis einer gesamten Gruppe und zum Chef geschwächt wird. Das gilt vor allem in Verbindung mit dem virtuellen Aspekt, der später eingebunden wird.

Kommunikationsbedürfnisse erkennen

Menschen haben unterschiedliche Bedürfnisse, wenn es um Regelmäßigkeit oder Planung von Wissensaustausch geht. Manche ziehen ungeplanten Ad-hoc-Austausch vor, andere hingegen sind eher bereit für Austausch, wenn dieser vorher terminlich festgelegt ist. Kompliziert wird es, wenn jeder die eigene Präferenz als natürlichen Maßstab betrachtet bzw. nicht auf den Gedanken kommt, dass Kollegen eine natürliche andere Vorliebe haben. Diese Unterschiede muss die Führung erkennen, benennen und einen Weg finden, möglichst viele Bedürfnisse in Form von Vorgaben zu berücksichtigen.

In der virtuellen Kommunikation gilt dieses Vorgehen gleichermaßen. Ein Nichteingreifen bei gravierenden Unterschieden, wie es bei kulturell gemischten Teams wahrscheinlich ist, wird als Führungsschwäche gesehen!

Unabhängig der Organisationsformen bietet sich generell eine Kombination aus Ad-hoc- – also spontan möglicher – Kommunikation, zu der die Führung auch ermutigen sollte, und aus gesetzten vorausgeplanten Sitzungen an, die Wissensaustausch als Zielvorgabe bzw. Resultat einer Sitzung bekommen sollten.

In hierarchischen Strukturen erwarten Menschen eher vorgegebene Strukturen für die jeweiligen Ansprechpartner ihres relevanten Bereichs. In hierarchisch flachen Strukturen erwarten Menschen eher offene, weniger vorgegebene Kommunikationswege, das heißt, ihr Wissen würde unabhängig von Hierarchien und Führungsvorgaben ausgetauscht werden. Im Fall von Projektteams beispielsweise könnte sich eine eigene flache Struktur entwickeln, auch wenn die gesamte Firma hierarchisch organisiert ist. Wichtig ist bei diesem Szenario aber, dass diese eigens geltende Organisation klar und deutlich kommuniziert wird – wieder eine Aufgabe der Führung!

Organisationsstruktur verdeutlichen

Denn sollten ohne diese Klarheit verschiedene Erwartungshaltungen aufeinanderstoßen, ist die Wahrscheinlichkeit des gegenseitigen Missverstehens groß und ein weiterer Nährboden für Misstrauen in der Gruppe. Eine klare Vorgabe der Organisations- und Kommunikationsstrukturen, an der sich alle standortunabhängig orientieren können, fördert Sicherheit und Vertrauen und erleichtert damit den Wissensaustausch.

! Die Führung muss Kommunikationsstrukturen nach Bedürfnissen anpassen.

Das Vertrauens-Viagra 2: Gruppenidentität mit Sinn für virtuelle Kooperation

Die in der Sozialwissenschaft weit anerkannte soziale Identitätstheorie nach Tajfel & Turner (1986) besagt, dass Personen sich mit positiv bewerteten Gruppen identifizieren und sich dabei von anderen, negativer bewerteten Gruppen im Sinne einer Fremdgruppe (Outgroup) abgrenzen. Auf diese Weise etablieren sie soziale Identitäten und erhöhen damit ihr Selbstwertgefühl. Das führt zu internen oder Intragruppenprozessen wie Kooperation, Kohäsion, Unterstützung, aber leider auch zu negativ zu bewertenden intergruppalen Prozessen wie Konkurrenz mit einer Fremdgruppe bzw. einer Firmendependence oder einer anderen Geschäftseinheit.

Achtung vor Subgruppenbildung!

In virtuellen Kooperationen mit verschiedenen Standorten können geäußerte Unterschiede zwischen Kollegen standortbezogen in Form von der Haltung „wir und die anderen" identifiziert werden, wobei der jeweilige Standort als ein Teil der eigenen Identität und Zugehörigkeit gesehen wird und als der bessere gewertet wird. So sehen sich die Vertreter verschiedener Standorte jeweils als Fremdgruppe an – was zu vermeiden ist. Denn in Gruppen, die eigentlich als Gruppeneinheiten standortunabhängig miteinander kooperieren sollen, besteht somit eine mögliche Subgruppenbildung mit jeweils eigener Identität an verschiedenen Standorten, was negative Stereotypisierung und in einzelnen Fällen sogar konkurrierendes Handeln hervorruft.

Die Motivation, Wissen mit einer für alle sozialen Identität auszutauschen, ist ein Schlüsselfaktor für Wissenskommunikation.

Frage zur Selbstreflexion:
Wie viele Gruppenidentitäten haben Sie in Ihrem Umfeld?
Und wie stehen diese zueinander?

Gleichbehandlung ist essenziell

Eine mögliche oder vermutete Ungleichbehandlung von Kollegen an verschiedenen Standorten oder von virtuell arbeitenden Kollegen verringert die Chancen für eine soziale Gruppenkohäsion, die jedoch essenziell ist für Wissenskommunikation in Organisationen. Soziale Identität kann wie ein Mechanismus für funktionierende Gruppen und deren Koordination wirken. Insbesondere Wissensintegration ist optimiert, wenn individuelle Gruppenmitglieder sich einer Gruppe zugehörig fühlen, die für eine bestimmte Identität steht.

Wahrgenommene Ungleichbehandlung hingegen kann den Effekt des Misstrauens gegenüber anderen und im Verhältnis zur Führungsperson haben, von der eigentlich grundsätzlich erwartet wird, für Gleichbehandlung in der Gruppe zu sorgen.

Ergebnisse von empirischen Studien besagen, dass prozedurale Gerechtigkeit oder Fairness das Vertrauen von Mitarbeitenden gegenüber ihren direkten Vorgesetzten stärkt. Dieses Vertrauen in die Vorgesetzten wiederum stärkt das Commitment gegenüber der gesamten Organisation. Zudem ist prozedurale Gerechtigkeit eine der Voraussetzungen für akzeptierte Autorität.

Checkliste für prozedurale Fairness

Hier eine Checkliste (nach Weibel & Rota) von Kriterien, die prozedurale Fairness ausmachen, mit Beispielen zur Veranschaulichung der Effekte auf Vertrauen und Wissensaustausch bei Missachtung der Aspekte.

Konsistenz in der Gleichberechtigung und Chancengleichheit

Beispiel:
Mitarbeitende auf gleicher Hierarchiestufe, aber an verschiedenen Standorten sollten transparent gleichberechtigt Zugang zu Weiterbildungsmöglichkeiten bekommen. Sobald sich eine Gruppe oder ein Individuum von dieser Möglichkeit ausgeschlossen fühlt, tritt eine mentale Abspaltung mit Vertrauensverlust ein.

Unvoreingenommenes Verhalten; Prozesse werden nicht zur persönlichen Bereicherung genutzt

Beispiel:
Mitarbeitende einer Dependence in den USA bringen eine Idee ein, die zur Prozessverbesserung beitragen kann. Den Kollegen in der Konzernzentrale gefällt die Idee sehr gut, und sie wird übernommen und als Idee von der Konzernzentrale intern kommuniziert. Die Kollegen mit der Idee in den USA sind gekränkt, fühlen sich hintergangen und werden wahrscheinlich in der Zukunft keine weiteren Ideen an die Zentrale kommunizieren, sondern vielmehr ihre eigenen Prozesse auf ihre Art verfolgen. Der Wissensaustausch zwischen den Standorten wäre lahmgelegt.

Genauigkeit in der Informationsverbreitung

Beispiel:
Unpräzise Verbreitung von interner Information kann zu Missverständnissen führen mit der Folge von Vertrauensverlust. Eventuell von falschen Informationen Betroffene befinden sich dann in der Verteidigungsposition, was vertrauenshemmend wirkt.

Möglichkeit, Entscheidungen zu revidieren und anzupassen

Beispiel:
In unserer Gesellschaft ist häufig wahrnehmbar, dass einmal getroffene Entscheidungen nicht revidierbar sind, und wenn sie dann doch revidiert werden, gilt die Person als wechselhaft oder sogar als unzuverlässig. In anderen Kulturkreisen wie in Asien, Südeuropa oder den angelsächsischen Gesellschaften gelten ständige Anpassungen als weitsichtig und natürlich, da sich jedes Umfeld kontinuierlich verändert. Wer in Unternehmen das Gefühl bekommt, Entscheidungen

aufgrund von neuen Erkenntnissen nicht anpassen zu dürfen, wird in ein starres Denkkorsett gesteckt. Fraglich ist, ob dieses Korsett tatsächlich auch der Generierung und Integration von Wissen dient; denn der Austausch von Wissen ist im Fall einer Dynamik ständig in Bewegung, und ständige Bewegung führt naturgemäß zu Anpassungen. Wer ein Korsett zu spüren bekommt, verzichtet auf Wissensaustausch und geht neue Wege – zum Beispiel zu einem anderen Unternehmen. Dieses Phänomen ist immer wieder bei Querdenkern zu beobachten, die in innovationsneutralen Unternehmen als schräge Querulanten wenig ernst genommen werden. Vertrauensverhältnisse sind dann beiderseits gestört.

Einstehen für rechtmäßige Interessen

Beispiel:
Informationsverweigerung gegenüber aus dem Unternehmen scheidenden Mitarbeitenden kann je nach Situation respektlos vonstatten gehen, vor allem dann, wenn ein Recht auf die Vertretung bestimmter Interessen besteht, wie auf ein geordnetes Abgangsgespräch mit transparenten Erklärungen und ehrlichem Austausch. Nun könnte argumentiert werden, dass zu abgehenden Mitarbeitenden sowieso kein Vertrauen mehr besteht. Was aber geschieht, wenn sich die ausscheidende Person im Sinne einer unfairen Behandlung so stark benachteiligt fühlt, dass sie dem Unternehmen Schaden zufügt, indem sie wertvolles Wissen verbreitet, das der Konkurrenz in die Hände spielt?

Effekte prozeduraler Fairness

Wenn Menschen das Gefühl bekommen, dass strategische Entscheidungen fair sind, sind sie freiwillig bereit, auf Basis von entwickeltem Vertrauen und Commitment zu kooperieren. Die Freiwilligkeit steht im Zentrum des Interesses für Wissensaustausch, da Menschen nicht gezwungen werden können, sich auszutauschen. Intrinsische Motivation als Basis für Wissensaustausch ist immer freiwillig, sie kann nicht vorgeschrieben werden. Es liegt letztendlich am Management, eine Unternehmenskultur zu bereiten und intrinsische Motivation in Mitarbeitenden zu fördern.

Die Freiwilligkeit steht im Zentrum des Interesses für Wissensaustausch, da Menschen nicht gezwungen werden können, sich auszutauschen.

Fragen zur Selbstreflexion:
Wie freiwillig entsteht bei Ihnen Wissensaustausch?
Haben Sie eine dafür motivierende Unternehmenskultur?

Identifizierung von Subgruppenbildung

Häufig sind die kritischen Merkmale der Gleichbehandlung im Bereich des Wissensaustausches beobachtbar, wenn eine Konzernzentrale von ihren Satellitenfirmen oder Randbereichen erwartet, dass alle automatisch ohne Anleitung miteinander kooperieren, ohne auf die Gleichbehandlung aller zu achten – Satellitenfirmen eingeschlossen.

Grundsätzlich gilt: Wenn die Führung für Gleichbehandlung aller virtuell Arbeitenden sorgt, steigt die Chance für virtuell ausgewogenen Wissensaustausch ohne schädliche Subgruppenbildung.

Zur Verfügung stehende IT-Tools sind zwar eine Basis für erhöhte Chancen für verbesserte Informationsverbreitung – sie sind aber ohne menschliche Aspekte wertlos, da schließlich Menschen diese Updates abgeben, egal mit welchen Tools.

Reziprokes Vertrauen in Gruppen

Wenn ein Kollege den Eindruck macht, er vertraut nicht, dann kann das vom Reziprozitätsprinzip abgeleitet dazu führen, dass ein Vertrauensschwund in einem ganzen Team stattfindet. Das gleiche Prinzip gilt im Wissensaustauschprozess, der auf dem Vertrauensprinzip beruht. Im Idealfall wirken wiederholte Treffen von Kooperationspartnern dem entgegen. In virtuellen Teams werden deshalb Skype-Treffen oder andere Sitzungen mit visueller Austauschmöglichkeit empfohlen.

Virtuell, semivirtuell oder an einem Standort – es gibt zwei Basisaspekte, die ein Kooperationsverhältnis langfristig gestalten:

- Der Zeitaspekt
  Ausgedehnte Interaktionen von mindestens
  einer Stunde sind lohnend, um Muster gegenseitiger Kooperation zu erproben.
- Die Frequenz
  Durch häufige Interaktionen entsteht wechselseitige Kooperation, und es werden Anreize erkannt, warum wer auf welche Weise kooperiert.

(Dazu ausführlicher in Kap. 4)

Würden zwei Gruppen nicht miteinander kooperieren, würde die Gruppe, die in relativer Minderheit zur größeren Gruppe steht – also z. B. eine Dependence in Übersee gegenüber einer Firmenzentrale – den größeren Schaden davontragen. Denn der Effekt so einer fehlenden Kooperation ist selbst gewählte Isolation der kleineren Geschäftseinheiten, Satellitenfirmen oder Dependencen.

Soziale Integration bei Fusionen

Das hat häufig zur Folge, dass beispielsweise Firmenmitglieder im Fall einer Übernahme weiterhin vor sich hin arbeiten, ohne einen Sinn darin zu erkennen, ihr Wissen mit den Kollegen des Unternehmens zu teilen, welches sie übernommen hat. Der dadurch entstehende Schaden ist zwar nicht zu beziffern – aber der Sinn und Zweck eines Firmenkaufs kann bei fehlender sogenannter Post-Merger-Integration, die schließlich auch eine soziale Integration ist, hinterfragt werden.

Das Gefühl oder der Zustand einer sozialen Integration als Individuum erfordert vorausgehend personale Entfaltung, die erst dann beim Einzelnen entsteht, wenn die Basisvariable Vertrauen als Voraussetzung für eine interpersonelle Kompetenz besteht. (Rosenstiel & Gebert) Das bedeutet im Umkehrschluss: Schwankt das gegenseitige Vertrauen in einer Gruppe, hat das eine Reduzierung der personalen Entfaltung und eine damit einhergehende Dissoziation von der Gruppe zur Folge. Diese personale Zurückhaltung mit einem Gefühl der Abgrenzung von der Gruppe behindert wiederum einen Kommunikationsfluss und bremst den Wunsch nach mehr reziproker Wissenskommunikation ebenso aus.

Vertrauensvolles Kommunikationsverhalten in virtuellen Gruppen

Der Sozial- und Organisationspsychologe Thomas (2005) entwickelte Grundbedingungen für einen wirkungsvollen Vertrauensaufbau, deren Übertragbarkeit auf das Verhalten von Menschen aus anderen Kulturen in Kap. 3 angeschaut wird. Folgende sieben Bedingungen sind kommunikationsorientiert und erlauben vereinzelt zudem Verweise auf von Empathie und Wertschätzung getragene Kommunikation. Zur Verdeutlichung sind sie hier mit rhetorischen Beispielen oder Erläuterungen ergänzt:

1. Transparenz in Bezug auf die Begründung des eigenen Verhaltens
   Rhetorikbeispiel: *„Wir haben uns im Team so entschieden, weil* (Erklärung des Sachverhalts) ...“

2. Kompetenzzuschreibung und Verantwortungsübertragung den Partnern gegenüber
   Rhetorikbeispiel: *„Ich traue dem Team diese Aufgabe voll zu, da es die Kompetenzen dafür vereint hat, und delegiere diesen Bereich deshalb guten Gewissens an Sie weiter ...“*

3. Selbstexplorative Äußerungen
   Rhetorikbeispiel: *„Ich gehe den Bereich jetzt so an ...“*, das heißt, sich selbst erklärend wie beim lauten Denken.

4. Äußerungen über aktuelle Situationen, die mit Ungewissheit behaftet sind
   Rhetorikbeispiel: *„Wir müssen die Lage eben weiter beobachten ...“*, zeigt, dass sich der/die Äußernde Gedanken macht und die Lage als ungewiss realistisch erkennt.

5. Bitte um Hilfe
   Wer eine andere Person um Hilfe bittet, vertraut ihr.

6. Bitte um Feedback
   Wer eine andere Person um Feedback bittet, wertschätzt die Meinung dieser Person, was wiederum Vertrauen erzeugt.

7. Thematisieren von Sachverhalten, die eine gemeinsame Identifikation ermöglichen
   Rhetorikbeispiel: *„Wir brauchen Innovation. Wir haben die Ressourcen für diese Innovation. Wir müssen unsere Ressourcen bündeln. Das geht mit unseren gemeinsamen Zielen, an denen wir gemeinsam arbeiten."*

Damit diese Bedingungen zum Vertrauensaufbau greifen, sollten möglichst viele visuelle Kontakte der Kooperationspartner ermöglicht werden (z. B. per Videokonferenz oder Skype), wenn man davon ausgeht, dass mit zunehmender Anzahl der Kontakte die wechselseitige Sympathie zunimmt, was sich wiederum verstärkend auf die Kontakthäufigkeit auswirkt. Obwohl auch das Gegenteil, nämlich Antipathie, das Resultat häufiger Zusammentreffen sein kann, liegt eine sympathiefördernde Ähnlichkeit in der Situation der Gruppenmitglieder vor, indem sie gemeinsam eine Situation oder Aufgabe bewältigen müssen, was dem Charakter einer Schicksalsgemeinschaft ähnelt.

Eine klar umrissene Definition der gemeinsamen Aufgabe mit Vorgaben und Zieldefinitionen hilft einer „Schicksalsgemeinschaft" im virtuellen Raum, sich besser zu orientieren.

Der vorteilhafte Charakter einer Schicksalsgemeinschaft verstärkt sich noch in Krisensituationen, da eine Krise die Zielvorgabe noch genauer vorgibt. Allerdings sei bemerkt, dass bereits bestehende und bewährte Prozesse dafür notwendig sind. Von Prozessveränderungen wird in einer Krisenphase abgeraten. Was kann eine Krisensituation im Kontext von Innovationsdruck sein? Der Konkurrenzdruck kann plötzlich mit einem neuen Produkt einer konkurrierenden Firma entstehen, was zu einer schnellen neuen Produktentwicklung zwingt. Ein Beispiel dafür ist die Anpassung des Airline-Catering-Unternehmens Gate Gourmet an die finanzielle Krise der Flugindustrie. Der Erfolg dieser Schicksalsgemeinschaft im Rahmen einer Post-Merger-Integration wird in Kap. 6 beschrieben.

Plädoyer gegen E-Mail-Wissens-austausch

Medienforscher sprechen im Rahmen sozialpsychologischer Studien zur Internetkommunikation von einer Kanalreduktion. Die in der Kommunikation eindrucksbildenden und eindrucksvermittelnden Informationen sind deutlich reduziert. Alles, was bei der persönlichen Begegnung neben dem gesprochenen Wort an personenrelevanten Informationen vermittelt wird (paraverbal, nonverbal, situative und soziale Kontextfaktoren), ist bei medialer Vermittlung (ohne physisches Gegenüberstehen) deutlich reduziert. Im Vergleich zu Situationen mit physischer Kopräsenz entstehen in rein schriftlich-elektronischer Kommunikation folgende Defizite:

Entemotionalisierung

Menschliche Regungen, die auf eine emotional gesteuerte Reaktion schließen lassen (meist unbewusst und damit umso ehrlicher) entfallen bei E-Mails, eine Dekodierung der tieferliegenden ehrlichen Bedeutung ist unmöglich.

Das bedeutet: Es fällt leichter, auf dem elektronischen Weg eine leichtfertige Behauptung zu machen, die aber evtl. vom Empfänger missverstanden wird, da die Leichtigkeit visuell und auditiv nicht dekodierbar ist. Das gleiche Problem trifft auf Sarkasmus oder Ironie in E-Mails zu, da die bekannten wichtigen Untertöne dazu fehlen. Wenn ein Sender z. B. in direkter physischer Kontaktkommunikation mit ironischem Unterton sagt: „Gute Idee, Schmidt, können wir im Meeting aufnehmen“, und die gleichen Worte in einer E-Mail auftauchen, ist die Aussage zunächst als „ja, wird wohl im Meeting aufgenommen, weil die Idee gut ist“ verstanden – allerdings ist sie allenfalls mehrdeutig interpretierbar und kann vom Sender unverbindlich gemeint sein, was der Vertrauensentwicklung aber wenig hilft.

Diese Mehrdeutigkeit in E-Mails nimmt potenziell in der Kommunikation mit Nichtmuttersprachlern zu. Das gilt auch für Mitarbeitende in anderen Länderregionen. Wenn ein Brite beispielweise sagt „Können wir aufnehmen, Schmidt“, dann heißt das noch lange nicht, dass er es tatsächlich tut. Im englischen Sprachgebrauch bleibt das damit offen, was zumeist in der stimmlichen Tonalität herauszuhören ist, wenn man diese feinen Unterschiede kennt.

Eher auditiv orientierte Menschen schreiben mit ihrer inneren Stimme, das heißt eben auch mit ihrer inneren Tonalität. Besonders diese Menschen müssen ihre E-Mails bewusst explizit formulieren, um mögliche Mehrdeutigkeiten zu reduzieren.

Entsinnlichung

Sinn und Zweck einer E-Mail im Kontext gesehen fehlt häufig, insbesondere wenn komplizierte Sachverhalte nicht deutlich in einem Kontext eingebettet kommuniziert werden. Oftmals vergessen Sender in der Eile des Alltags oder weil sie so tief mit den Details verschmolzen sind, den Zusammenhang, in dem ihre E-Mail verstanden werden soll, kurz aufzuführen. Dies geschieht sehr häufig Fachexperten, deren Wissen bekanntlich ganz besonders wertvoll ist. Gezielte Kommunikationscoaching-Maßnahmen für Fachexperten in der IT, im Ingenieurswesen oder in der Telekommunikation lohnen sich für eine Sensibilisierung der Kommunikation.

Entkontextualisierung

Die Bedeutung der Aussagen in E-Mails wird meist nicht in den großen Zusammenhang eines Projekts oder eines Bereichs gesetzt. Somit bleibt oft der Kontext einer E-Mail unklar, denn häufig bauen sich E-Mails auf vorhergegangener Kommunikation auf, bei der die Empfänger variieren können, was aber nicht immer systematisch kontrolliert wird. Bei den angedachten Empfängern, die aus welchen Gründen auch immer nicht in der E-Mail-Schlaufe sind bzw. von einem Sender herausgenommen wurden, entsteht

Vertrauensverlust. Sie fühlen sich aus der Wissensgemeinschaft entsozialisiert, das Bedürfnis der Zugehörigkeit im Sinne der sozialen Identitätstheorie wird – auch wenn dies ungewollt geschehen sollte – beschädigt und bedarf dann ehrlicher Erklärungen vonseiten der Sender.

Entzeitlichung

Wissensaustausch per E-Mail findet selten in Form eines Chats zeitgleich statt, das heißt, es können inhaltliche Verzerrungen vorfallen wenn in einem dynamischen Umfeld innerhalb von sechs Stunden viel geschieht. So kann beispielsweise in Shanghai vor Ende des Arbeitstages eine Entscheidung nach Frankfurt gemailt werden, in Frankfurt diskutiert man das am Nachmittag, es sind Fragen offen, Shanghai schläft dann, und die Kollegen in den USA bekommen von all dem unter Umständen nicht viel mit. Das heißt, für Wissensaustausch mit anstehenden Entscheidungen sollte grundsätzlich immer in Realtime, live in Videokonferenzen global kommuniziert werden.

Frage zur Selbstreflexion

Wie häufig nutzen Sie in Ihrer Firma E-Mails für Wissensaustausch? Vermuten Sie eines der vier beschriebenen Defizite, und wie gingen Sie damit bisher um?

Stolpersteine der E-Mail-Kommunikation

Bei mehreren oder mindestens zwei Standorten tritt oft der Effekt der emotionalen Distanz zwischen Teammitgliedern ein, was auf eine Entemotionalisierung in der virtuellen Kommunikation hindeutet, und emotionale Distanz erschwert Vertrauensaufbau.

Entsinnlichung und Entkontextualisierung treten bei E-Mail-Kommunikation mit hoher Wahrscheinlichkeit auf. Wie häufig fragen sich Mitarbeitende in Unternehmen, was der Zusammenhang einer Mail zu welchem Aspekt der Arbeit ist oder was Sinn und Zweck einer E-Mail in Bezug zu welchem Bereich sein kann.

Eine Entzeitlichung ermöglicht im E-Mail-Austausch oftmals divergierende Interpretationen von Zeitdruck, was zu Missverständnissen im Arbeitsablauf führen kann. Ein weiteres Hindernis sind Zeitzonenunterschiede durch geografische Distanz. Bereits eine dreistündige Zeitdifferenz zwischen Standorten erschwert die Wissenskommunikation und die Integration zwischen Standorten. Im Zusammenhang mit dem Wunsch nach ungeplanter Kommunikation gilt virtuelle Kooperation insofern als Störfaktor, dass spontane zwischenmenschliche Kommunikation im virtuellen Raum erschwert ist.

! **Wissenskommunikation im virtuellen Raum sollte vorgeplant und häufig stattfinden, eine bestimmte Mindestdauer aufweisen und mit visuellen Tools unterstützt sein.**

Sensible virtuelle Rhetorik

Als Kränkung empfundene fehlende Formen der Höflichkeit mindern wahrscheinlich die Bereitschaft und Motivation für Wissensaustausch, wie schon im Zusammenhang der Gleichbehandlung beschrieben. Es kommt zu Dissonanzen in Aussagen wie: „Spontaneität sollte ermöglicht sein. Wenn aber der Kollege am anderen Ende nicht einmal ‚Guten Morgen‘ sagen will, hilft auch keine Technologie.“ (in Voigt 2017)

Vertrauensbildung gilt als wahrscheinlicher, wenn innerhalb von Teams ein positiver Ton herrscht. Forschungsteams haben herausgefunden, dass Teammitglieder, die selber viel Vertrauen schenken, anderen gegenüber mit viel Enthusiasmus, Lob und Ermutigung begegnen. Teammitglieder, die weniger Vertrauen schenken, pflegen einen negativeren Ton in ihrer Rhetorik (vgl. halb volles, halb leeres Glas).

Bedeutsamkeit persönlicher Ansprache

Man kann den positiven Stellenwert von persönlicher Ansprache in E-Mails nicht oft genug hervorheben. Laut Studienergebnissen nutzen besonders produktive Teams informelle Schreibformate in ihren E-Mails mit zusätzlich persönlicher Anrede und auch mit abschließenden persönlichen Anmerkungen oder Hinweisen, die Vertrauen schaffen.

Das Einflechten von persönlicher Ansprache wird auf das Bewusstsein über den hohen Stellenwert von persönlichem Vertrauen miteinander zurückgeführt.

Frage zur Selbstreflexion:
Wie deuten Sie die Rhetorik in Ihren virtuellen Teams?

Balanceakt: Struktur und Flexibilität

Teams, in denen zurückhaltend Kritik geübt wird, empfinden möglicherweise unterschwellig Distanz aufgrund fehlenden Kommunikationsaustauschs bzw. geringen Vertrauensniveaus. Die Gründe dafür können so vielfältig sein, wie es Teams gibt. Deshalb an dieser Stelle nur ein Fokus, der für viele Teams in der Forschung stellvertretend ist – die Balance zwischen Struktur und Flexibilität beim Kommunikationsprozess. Die ausgeglichene Kombination von strukturiertem Kommunikationsaustausch und ungeplantem, flexiblem Austausch gehört zu den entscheidendsten Herausforderungen in virtuellen Teams.

Besonderheit cross-funktionaler Teams

Auch Studien zu cross-funktionalen Teams kommen zu dem Resultat, dass beide Formen der Kommunikation, formelle Teammeetings wie auch informelle cross-funktionale Kommunikation, ratsam sind. Beide Formen haben unterschiedliche Bewandtnis:

Formelle, vorgeplante Meetings fördern die Wissensintegration. Wissensgenerierung kommt eher durch informelle, cross-funktionale Kommunikation zustande.

Unter Wissensgenerierung wird eine Zusammenführung verschiedener Wissensträger verstanden, die unterschiedliche Funktionen bekleiden. Wissensträger unterschiedlicher Funktionen sprechen unterschiedliche Fachsprachen, da ihre spezifischen Tätigkeiten jeweils Fachvokabular erfordern. Das bedeutet für informelle wie auch für geplante cross-funktionale Meetings, dass sie mehr Zeit in Anspruch nehmen, weil die Kommunikation untereinander mehr Verständnisfragen erfordert.

Bei der Generierung von Wissen steht der offene Dialog im Vordergrund, denn neues zu generierendes Wissen entsteht weniger durch Planung oder auf Kommando als durch spontanen zwischenmenschlichen Austausch in entspannter Atmosphäre.

Zu diesen zwei Formen des Wissensaustausches in Bezug zur Führungsrolle mehr in Kap. 5.

Vertrauensfaktor in virtuellen Gruppen

Von einem hohen Stellenwert des persönlichen Vertrauens bei Wissensaustausch ausgehend, ist persönliche Interaktion in Form von Kopräsenz vermutlich förderlich. Bei vornehmlich virtueller Zusammenarbeit könnte das regelmäßige Fehlen dieser physischen Begegnungen zum Störfaktor werden. Denn das Risiko, anderen zu vertrauen, die man nicht genug zu kennen glaubt, ist als Einsatz im Wissensaustausch möglicherweise zu hoch. Somit bezeichnet man Vertrauen als Schlüsselaspekt und zugleich kritischen Faktor für virtuelle Teams. Regelmäßigkeit im Austausch bekommt dadurch in virtuellen Teams einen höheren Stellenwert als in lokalen Standortteams.

! **Face-to-Face-Kommunikation ist der Herzschlag, der den Rhythmus virtueller Arbeit reguliert und zusätzlich besonders zwischen den größeren Treffen wertvoll ist.**

Die Häufigkeit der Meetings zählt

Auch wenn viele Menschen vermuten würden, dass langfristige intensive Beziehungen Voraussetzung für vertrauensvollen Austausch sind: Es ist vielmehr die Häufigkeit des Austauschs innerhalb kurzer Zeiträume, die Vertrauensentwicklung fördert. Da der virtuelle Raum das Tempo für vermehrte Kommunikation nutzen kann und konstante Erreichbarkeit weiterhin zur Norm unserer

Gesellschaften wird, können Vertrauensbildungsprozesse durch hohe Interaktionsfrequenz innerhalb kurzer Zeit komprimiert werden. Hohe Interaktionshäufigkeiten zu Kooperationsbeginn gekoppelt mit einer hohen Ergebnisorientierung wirken sich positiv auf die Vertrauensentwicklung in virtuellen Teams aus.

Häufige Treffen zu Kooperationsbeginn gekoppelt mit hoher Ergebnisorientierung fördern Vertrauensentwicklung

Positives Momentum Zeitdruck

Auslöser für Wissensaustausch sind häufig deren Notwendigkeit in einem kontrollierten Umfeld und kurzfristige, operationale Themen, für die schnell Lösungen gefunden werden müssen. Wenn also die Aufgabeninterdependenz aufgrund von Handlungsdruck zur schnellen Lösungsfindung erhöht ist, funktioniert der Austausch besser. Insofern kann Zeitdruck als Motivation positiv für Wissensaustausch eingestuft werden, wobei der Vertrauensfaktor in den Hintergrund rückt, sobald auch die Inhalte des erwarteten Wissensaustauschs deutlich skizziert sind.

Zeitdruck macht Vertrauen weniger prioritär und motiviert zu mehr Austausch.

Virtuelle Teams, die es schaffen, zuverlässige Kommunikationsmuster langfristig zu halten, halten auch ihre Vertrauensbasis stabil. In Studien zu Vertrauensentwicklung in virtuellen Teams wird häufigem Herausplatzen von Interaktionen, wie spontanen Diskussionen über ein bestimmtes hochaktuelles Thema oder Problem, für das schnell eine Lösung gefunden werden muss, ein besonderer Stellenwert eingeräumt. Teams, in denen diese offene Diskussionsfreude für Kommunikation Praxis ist, sind mit großer Wahrscheinlichkeit Teams, in denen Vertrauen herrscht. In Teams mit geringem Vertrauenslevel hingegen wird häufig auf Antworten bzw. Reaktionen auf Anfragen gewartet.

Frage zur Selbstreflexion:
Beobachten Sie in Ihrem Team intensive Ad-hoc-Diskussionen oder eher langes Warten auf Antworten?

Diskussionskultur in Teams

Sowohl in sogenannten „high trust"- und „low trust"-Teams beobachten die Forscher eine Unsicherheit, wenn es um E-Mail-Messages geht, die nicht umgehend beantwortet werden. Teams mit niedrigem Vertrauensniveau leiden unter dem Stress der Unberechenbarkeit der Kommunikationszuverlässigkeit.

In einer aktuellen Studie über die Zusammenhänge von individuellem Vertrauen in semivirtuellen Kooperationen multikultureller und homogener Teams fanden Wissenschaftler heraus, dass klare Aufgabenverteilung und definierte Prozesse positive Wirkung haben auf Vertrauensentwicklung in multikulturellen wie auch in homogenen Gruppen. Sie fanden eine sich ergänzende Wechselwirkung zwischen Vertrauensentwicklung und normativem Verhalten nach gesetzten Standards, die für eine temporäre Gruppe gelten.

Klare Aufgabenverteilung, das Setzen von Normen und die Strukturierung von Prozessen sollen hier als Rolle der Führung verstanden werden.

Zusammengefasst

Faktoren für vertrauensvolle virtuelle Kommunikation in globalen Teams:

- Regelmäßige Kommunikationsfrequenz
- Regelmäßige informelle und auch vorgeplante Konversationen
- Hohe Kommunikationsfrequenz mit visuellen Austauschmöglichkeiten
- Klare Aufgabenverteilung durch die Führung
- Etwas Zeitdruck erzeugen
- Wertschätzung sozialer Interaktionen

- Vorsichtige, regelmäßige und bewusste Nutzung elektronischer Medien
- Regelmäßige gegenseitige Informationen über Entwicklungen im Team
- Teammitglieder fühlen sich verstanden und respektiert
- Austausch über Wahrnehmung der Teamarbeit

Besonderheiten virtueller Führungskommunikation

Welcher Führungsstil eignet sich am besten in der Führung virtueller Arbeitsgruppen oder Teams? Wie bereits mit Begriffsdefinitionen ausgeführt, orientieren wir uns zunächst an dem Führungsverständnis des amerikanischen Organisationspsychologen Bass, der zwischen transaktionalem und transformalem Führungsstil unterscheidet und Berechtigung für beide Stile findet. Das gilt auch in Bezug auf virtuelle Kommunikation der Führung.

Media richness & transaktionaler Stil

Als besonders reichhaltig (rich) ist eine Kommunikation unter vier Augen zu bezeichnen. Auf Textkommunikation reduzierte Systeme wie E-Mails gelten als wenig reichhaltig (low media richness). Media richness hat einen Effekt auf die Wirksamkeit der Führung in unterschiedlichen Situationen: Bei nichtvisueller Telekommunikation stellt transaktionale Führung verbesserte Aufgabenbewältigung her, während transformale Führung eher das Kooperationsklima verbessert. Das bedeutet, dass transaktionale Führung sich positiv auswirkt auf zusammen zu bewältigende Aufgaben, besonders wenn die Auswahl der Kommunikationsmedien auf E-Mails limitiert ist. Somit hat transformale Führung eine unterstützende Rolle für transaktionale Führung.

Transformaler Stil

Ein hoher Stellenwert kommt dem sozialen und emotionsorientierten transformalen Führungsstil zu, je weniger Kommunikationswege zur Verfügung stehen. Er unterstützt „followers“ (Geführte) bei der Findung ihrer Gruppenidentität mit Aufgaben und Zielsetzungen, indem eine Gruppensinngebung, Zusammenhalt und Teamidentität gemeinsam entwickelt werden. Zudem kann transformale Führung Sinngebung einführen, ohne sie vorzugeben. Sicherheit kann somit durch Bestimmung einzelner Ziele und Zielplanung erreicht werden.

Forscher räumen ein, dass geringe media richness beide Führungsstile beeinträchtigt, insbesondere aber den transformalen Stil. Davon abgeleitet kann für eine semivirtuelle Gruppe ein transaktionaler Stil höheren Stellenwert bekommen, um klare Normen und Ziele vorzugeben und Prozesse in elektronischer Schriftform aufzusetzen.

Extreme Virtualität ist positiv

Es mag zunächst paradox klingen, aber je breiter verteilt einzelne Teammitglieder virtuell miteinander vernetzt arbeiten, desto weniger kommen die negativen Effekte der virtuellen Distanz untereinander zum Tragen; Aufgaben werden koordinierter bewältigt. Möglicherweise hilft das Bewusstsein breiter gestreuter Distanzen über einen notwendig verstärkten Austausch miteinander, während bei z. B. zwei Hauptstandorten das Gefühl bleibt, dass sowieso keins der Teams alleine arbeitet, das heißt, dass man eventuell nicht dringend auf den Austausch angewiesen ist. Bei virtueller Diversifizierung wird der Einsatz von nonverbalen Kommunikationsmitteln umso wahrscheinlicher, aber die Subgruppenbildung erfreulicherweise unwahrscheinlicher; denn der Aspekt, sich persönlich besser kennenlernen zu können, tritt bei virtuell hoher Streuung in den Hintergrund.

! **Persönliches Vertrauen hat bei hoch gestreuter Virtualität einen niedrigeren Stellenwert, und das rationale Vertrauen im Sinne des Kalküls der Rational-Choice-Theory wird dafür ausgleichend umso wichtiger.**

Frage zur Selbstreflexion:
Macht es wirtschaftlich Sinn, Ihr Team virtuell mehr zu streuen?

Virtuelle Streuung

Diese Streuung muss sich nicht zwingend auf ganze Standorte limitieren – im Rahmen der flexiblen Arbeitsorte (Heimarbeitsplatz eingeschlossen) kann der gleiche Effekt erzielt werden. Wenn Sie allerdings zusätzlich mit kulturell gemischten Teams arbeiten, ist hohe virtuelle Streuung mit wiederum anderen Risiken behaftet, wie in Kap. 3 näher beleuchtet.

Bedürfnis nach direktiver Führung bei Unsicherheit

Unsichere Phasen aufgrund konjunktureller Anpassungen in Unternehmen können Änderungen der Bedürfnisse von Geführten auslösen. Eine menschennahe Führung kann dann in den Hintergrund rücken und dafür können Hierarchien und machtorientierte Führung als sinnvoll erscheinen. Starke, direktive Führungsstile eignen sich besser als demokratische Stile, wenn Mitarbeitende Unsicherheiten spüren, da Direktive und klare Anordnungen ihnen Halt geben. Voraussetzung für diesen Effekt ist eine bereits vorhandene ausgeprägte Gruppenidentität, in der sich diese Menschen wiederfinden. Die allfällige virtuelle Distanz der Führung ist bei diesem Szenario unerheblich.

Fragen zur Selbstreflexion:
Wie ausgeprägt ist die Gruppenidentität in Ihren Teams?
Wie groß ist das Bedürfnis Ihrer Teams nach Vorgaben durch die Führung?

Gruppenidentität und Führungsbedürfnis

Wenn Sie das Bedürfnis nach Vorgaben als groß einschätzen, könnte das Hinweise auf die Suche nach Halt geben, um mehr Sicherheit zu erzeugen. Sollte dieses Bedürfnis durch die Führung nicht befriedigt werden, besteht die Wahrscheinlichkeit für einen Rückzug in ein sicheres kooperatives Umfeld am jeweils eigenen Standort. Folglich würde oder könnte sich ein Rückzug in eine lokale Subgruppe – wenn es die gibt – manifestieren.

Wahl der Kommunikationskanäle

In der virtuellen bzw. semivirtuellen Führungskommunikation sollte bedacht und differenziert ausgewählt werden, welche Kommunikationskanäle sich für welchen Zweck am besten eignen.

Das Problem im Fall von semivirtuellen Gruppen ist die ungleich verteilt mögliche Wahl für begrenzte regelmäßige und häufige Direktkontaktkommunikation, wenn es um die Bereitung eines kooperativen Klimas geht, was eine potenzielle Subgruppenbildung außerhalb eines Hauptsitzes bedeuten kann. Die Bildung eines eigenen Kooperationsklimas am Sitz eines Firmensatelliten könnte dann eine eigene Gruppenproduktivität zur Folge haben mit dem Effekt der vorzugsweise selbstständigen Aufgabenbewältigung, was nicht im Sinne einer Innovation für das gesamte Unternehmen steht, das die komplette interne Vielfalt integriert nutzen will.

Mit dieser Strategie würde dem transaktionalen Führungsstil mit der bewussten Nutzung geringer „media richness" für die gezielte Kommunikation für die Verbreitung von Normen, Regeln und Vorgaben mit expliziten Zielvorstellungen besonders hoher Stellenwert zukommen. Das heißt also:

! **Der transaktionale Führungsstil steuert einem Wildwuchs eigener Standortkulturen entgegen.**

Planen für ungeplante Kommunikation

Weitere Optionen finden sich in der gezielten Strategie geplanter und ungeplanter Kommunikation im Rahmen einer transformalen Führung, wobei die Wahl der Kommunikationsmedien für Führung wie auch für Geführte offen sein sollte. Als wichtig scheint der proaktive Ansatz, als Führungsperson auf einzelne Gruppenmitglieder auch ohne Problemsituation oder als Reaktion auf Anfragen zuzugehen, also „Planen für ungeplante Kommunikation“ als festen Routinebestandteil der virtuellen Führungskommunikation zu praktizieren und regelmäßig einzuhalten.

Zuverlässigkeit signalisieren

Diese Zuverlässigkeit ungeplant wirkender Anrufe ist besonders wichtig für die Gruppenmitglieder außerhalb des Hauptsitzes, damit das Fairnessprinzip der Gleichbehandlung wahrgenommen und zugleich das Gefühl der Zugehörigkeit trotz geografischer Distanz aufrechterhalten wird. Eine nicht auszuschließende Wirkung dieser informellen Kommunikation vonseiten der Führung ist Vertrauensgewinn; Voraussetzung ist eine konstante Zuverlässigkeit mit dem Signal des Commitments seitens der Führung. Vertrauen als eine Basis für Wissensaustausch entsteht durch offenes spontanes Kommunikationsverhalten und muss auch im virtuellen Raum praktiziert werden.

Intentionen der Kommunikation sauber trennen

Transformale Führungskommunikation mit persönlichen Telefonaten hat eine positive Wirkung auf das Kooperationsklima. Direktive Inhalte hingegen sollten separat schriftlich kommuniziert werden. Kommunikation mit Inhalten wie Anweisungen, Zielvorgaben oder Prozessen könnten im direkten verbalen Kommunikationskontakt möglicherweise den Anschein einer Kontrolle über Gruppenmitglieder geben und das Vertrauen gegenüber der Führung könnte damit Schaden nehmen.

Die Chancen und Herausforderungen der Führung und der Kommunikation des Wissensaustausches in semivirtuellen Teams zusammengefasst

- Eine lokal an einem Standort leichter realisierbare informelle Direktkontaktkommunikation deutet auf potenzielle Subgruppenbildung in jedem der jeweiligen Standorte hin mit dem Negativeffekt eines gesamtunternehmerischen Konkurrenzdenkens und konkurrierenden Handelns.
- Von einer transaktionalen Führung kommunizierte Normen und klare Aufgabendefinitionen für den Wissensaustausch können das Defizit von unregelmäßiger Direktkontaktkommunikation ausgleichen.

- Teams, die Wissen virtuell austauschen, brauchen eine konkret vorgegebene und von transaktionaler und transformaler Führung unterstützte Gruppenidentität und Organisationskultur.
- Teammitglieder, die sich als Teil in einer klar definierten Gruppenidentität wahrnehmen, entwickeln mit hoher Wahrscheinlichkeit Vertrauen zueinander.
- Hohe Aufgabeninterdependenz in Kombination mit Zeitdruck fördert Wissensaustausch in virtuellen oder teilweise virtuellen Teams und entkräftet damit den Stellenwert von interpersonellem Vertrauen.
- Transformale und transaktionale Führung bieten sich in Kombination an, wobei die Mediennutzung individuell den explizit geäußerten Bedürfnissen angepasst auszuwählen ist, um einer potenziellen Entsozialisierung aus der Gruppe gegenzulenken.
- Transformale und transaktionale Führung wirken ergänzend kohäsiv auf ein positives Kooperationsklima mit verbundenem Sicherheitsgefühl und sorgen für klare Aufgabenverteilung, Kommunikation von Zielen und Visionen, was in der Folge Wissensaustausch fördert.
- Interpersonelles Vertrauen verliert bei breit gestreuter Virtualität an Stellenwert; auf Ratio entstehendes Vertrauen und institutionelles Vertrauen in die Firma oder Organisation werden damit bei Teams an sehr vielen verschiedenen Standorten umso wichtiger.

3 Herausforderung interkulturelle Kooperation

Es ist absurd zu glauben, dass man das Denken und Handeln anderer Menschen ganz verstehen könnte. Umso wichtiger ist es, dies wenigstens von einem neutralen Standpunkt aus zu versuchen. Eine Kernfähigkeit ist dabei die Kommunikation, die im Betrieb durch die Führungspersonen maßgeblich geprägt wird. Für einen interkulturell agierenden Geschäftsführer bedeutet interkulturelle Führung aufmerksames Zuhören und Einbezug ungewöhnlicher oder auch als unorthodox empfundener Ansichten. Dabei sind Empathie erforderlich sowie ein interkulturelles Bewusstsein. Heutzutage ist fast jede Geschäftskommunikation interkulturell geprägt, denn kaum eine global aufgestellte Unternehmung – ob KMU oder Konzern – ist homogen strukturiert, ebenso wenig wie ihre Kundschaft. Allein das Verständnis für die großen neuen Märkte in China und Indien ist für alle Industrienationen von kommerziellem Interesse.

Stereotypen und Führungsstigmata

Falsche Stereotypen

In jedem Kommunikationsaustausch zwischen Vertretern verschiedener Kulturen zählt auch der Kontext, in dem das Gespräch stattfindet. So finden Handlungen selten in interessen- und machtfreien Räumen statt, sondern stehen innerhalb eines Kontexts, der eine Vorgeschichte hat. Das ist deshalb so bedeutend, weil Interkulturalität besonders dann offensichtlich und häufig zum Problem wird, wenn es Interessen- und Meinungsverschiedenheiten gibt oder zusätzlichen Kosten- und Zeitdruck. Von der Komplexität interkultureller Verhaltensweisen zeugt das folgende authentische Beispiel aus einem Londoner Büro: Ein libanesischer Mitarbeiter sagte seiner hierarchisch gleichgestellten europäischen Kollegin auf dem Gang nach einem längeren Gespräch: „Sie sind ja ganz intelligent dafür, dass Sie eine Frau sind." Die Europäerin wusste nicht recht, wie sie diese Aussage deuten sollte: Entweder er meinte es als echtes Kompliment, er wollte sie ärgern oder/und er hatte keine Ahnung, was diese Aussage in Europa auslösen kann. Am folgenden Tag ging die Mitarbeiterin zu vier anderen mehr oder weniger gleichaltrigen libanesischen Mitarbeitenden im gleichen Haus. Sie alle kannten den Verursacher ihrer Verwirrung. Sie wollte deren Interpretation hören. Alle vier gaben komplett unterschiedliche Tipps ab. Der eine glaubte die Geschichte gar nicht erst. Ein anderer zweifelte an der Anpassungsfähigkeit des Kollegen in London. Die dritte Person, eine libanesische Frau, war entsetzt und der Vierte glaubte, dass er es nur gut meinte. Die ernüchternde Moral dieser Geschichte ist: Menschen gleicher kultureller Herkunft, gleicher Generationen scheinen Aussagen und Verhaltensweisen, die auf kulturellen Unterschieden basieren, unterschiedlich interpretieren zu können. „Falsche" Stereotypen über allenfalls aus westlicher Sichtweise angeblich „rückständige Libanesen" liefern also wie in diesem Fall keinen Anhaltspunkt. (aus Voigt 2009)

Führungsstigmata

Westliche und auch einige fernöstliche Stereotype über gute Führung hingegen beinhalten oftmals, dass eine Führungsperson als schwach stigmatisiert wird, wenn sie nicht immer ad hoc eine eigene Meinung über bestimmte Dinge äußert und sich somit zumindest nach außen mit einer eigenen Wertung zurückhält. Die traditionelle Erwartungshaltung der westlichen oder auch russischen Gesellschaft, dass ein Chef alles wissen sollte und über alles eine Meinung deklarieren muss, ist im heutigen multikulturellen Zeitalter überholt. Chefs, die Allwissenheit ausstrahlen und auch so kommunizieren, flößen Angst ein, was nicht zum Wissensaustausch animiert. Dieses Phänomen wird später genauer beleuchtet. Durch eigene Erfahrung unseres Verhaltens wissen wir, dass sich manche vielleicht introvertierte Menschen zurückhalten, sobald ein Gegenüber oder in der Hierarchie über ihnen stehende Person signalisiert, sowieso alles zu wissen.

Gute interkulturelle Führung bedeutet, sich intensiver der wachsenden Meinungsvielfalt zu widmen, gemeinsam im interkulturellen Team zu analysieren, um erst dann Entscheidungen zu fällen oder Meinungen offiziell zu vertreten.

Polyidentitäten und der Fall Renault-Nissan

Unsere sich weiter globalisierende Welt wächst an Diversität. Allein in den alten Bundesländern in Deutschland hat ca. ein Viertel der Bevölkerung einen Migrationshintergrund. Für Jobprofile von Managern oder Experten ist Auslandserfahrung inzwischen Norm. Besonders unter den jüngeren Arbeitnehmenden macht sich ein Arbeitsort-Nomadentum breit, welches Menschen in ihrem Denken und Kommunizieren heterogener macht. Denn mit jeder Auslandserfahrung werden Menschen vielseitiger und komplexer. Manche politische Vertreter in Deutschland, die die deutsche Kultur reinhalten wollen, wie das Reinheitsgebot eines deutsches Bieres, übersehen diese gesellschaftlichen Veränderungen offenbar oder sie sehen diese Entwicklung nicht in Widerspruch zu ihrer Forderung.

Firmen mit Kunden in den USA sollten sich die demografischen Entwicklungen dort vergegenwärtigen und sich fragen, wofür eigentlich eine amerikanische Kultur in 30 Jahren steht:

Nach Schätzungen des US Census Bureau (äquivalent zum Statistischen Bundesamt) besteht im Jahr 2050 die Mehrheit der Bewohner aus Minoritäten, also aus lateinamerikanischen, asiatischen oder anderen Kulturkreisen. Je nachdem, wie sich Immigranten assimilieren (wollen), sorgen sie für zunehmende Vielfalt, die folglich ein höheres Maß an Individualität bedeutet. Vereinfacht könnte der interkulturelle Führungsstil auch als individualisierter Führungsstil bezeichnet werden. Diese Vereinfachung bringt aber nichts, denn es geht in der Essenz um viel mehr als die Erkenntnis von individuellen Ansichten oder vom anderen Kulturverständnis: Es geht um das ständige Hinterfragen von möglichen (Fehl-)Interpretationen in Konversationen, denn je heterogener die Erfahrungswerte, je gemischter die kulturelle Herkunft, kurz, je feingliedriger die persönliche Identität jedes einzelnen Menschen, desto differenzierter und werteneutraler sollte ein Dialog geführt werden können.

Stereotype können bei Polyidentitäten nicht entstehen, deshalb ist es irreführend und zwecklos, etwas „typisch für eine Kultur" in einem Menschen mit mehreren Identitäten entdecken zu wollen.

Erfolgsbeispiel Renault-Nissan

An die Spitze der weltweiten Autohersteller hat sich 2017 die Allianz von Renault und Nissan gesetzt, mit den seit 2016 dazugehörigen Mitsubishi Motors. Der einzigartige Erfolg der Kooperation von Nissan und Renault beruhte auf der Kombination von erstklassiger japanischer Produktqualität und hoher Produktivität mit dem neuen Design und weitsichtigen Marketing der Franzosen. Um den Kulturkonflikt für das Unternehmen fruchtbar zu machen, bedarf es Leute an der Spitze, die es verstehen, die jeweils andere Kultur zu absorbieren. Carlos Ghosn war CEO und ist Vorstandschef von Renault-Nissan und libanesisch-französisch-brasilianischer Staatsbürger. Er wuchs in Brasilien und im Libanon auf. In Frankreich absolvierte er die Ecole Polytechnique. Ghosn spricht Portugiesisch, Französisch, Arabisch, Englisch, Spanisch und Japanisch und hat vermutlich mehrere Kulturidentitäten.

So formulierte er 2008 seinen japanisch-französischen Managementauftrag:

„Es gibt kaum Gemeinsamkeiten zwischen den beiden Kulturen, darum muss man sich entsprechend anpassen. Die Japaner sind sehr diskret, sprechen weniger und halten sich zurück. Bevor sie etwas sagen, überlegen sie genau. Ihre Beiträge sind eher eine Konklusion als eine Diskussion. Die Franzosen tendieren dazu, viel zu sprechen, zu debattieren und viel Zeit für Brainstorming aufzuwenden. Ich habe nicht die Absicht, die beiden Unternehmen ähnlich zu machen oder sie zu mischen. Wir müssen die unterschiedlichen Kulturen akzeptieren – dann läuft es gut. Die Allianz Renault-Nissan ist einzigartig und funktioniert, weil es keinen grandiosen Plan gab, ein einziges Unternehmen daraus zu formen." (Auszug: NZZ am Sonntag, Interview mit Carlos Ghosn vom 3. Februar 2008)

Für die gemeinsame Entscheidungsfindung erweiterte Ghosn den in Japan üblichen „passiven Konsens" (es wird keine Entscheidung getroffen, wenn einer in der Gruppe dagegen ist) zum „aktiven Konsens", das heißt, wenn einer in der Gruppe nicht einverstanden ist, müssen entweder die anderen ihn überzeugen oder er sie.

Was wir aus dem Fall lernen

Die Chance kultureller Diversität liegt in den Interaktionen und Aushandlungsprozessen zwischen Mitgliedern unterschiedlicher Kulturen, die zu einer neuen Form eines firmeneigenen Standards führen. Dies befruchtet nicht nur die Zusammenarbeit, sondern bereichert auch jeden Einzelnen. Mit dieser offenen und aktiven Haltung wird die Wissenskommunikation innerhalb der Organisation verbessert.

Heterogene Kulturkollektive

Sozio-kulturelle Gruppen-kollektive

Um Teams oder Projektgruppen hinsichtlich ihrer soziokulturellen Identität zu beleuchten, bietet sich das Modell der Polykollektivität nach Hansen (2009) an. Polykollektivität bedeutet, dass jeder Mensch verschiedenen Kollektiven angehört, sei es einer Interessensgruppe für die Materialoberschicht von Geräten oder einem Ruderklub, einer Yogagruppe oder einer politischen Partei etc. Jede Aktivität oder Beschäftigung mit einem Bereich prägt die Identität eines Menschen, was die Bedeutung herkunftskultureller Unterschiede umso mehr in den Hintergrund stellt. So können sich ein chinesischer und ein deutscher Mitarbeiter mit der gleichen Expertise ihres Funktionsbereiches vielleicht besser austauschen als ein deutscher Marketingleiter mit einem deutschen Ingenieur des gleichen Unternehmens am gleichen Standort. Hansen nennt diese Funktionsverwandtschaften pankollektive Klammern, zu denen auch jeweilige Prinzipien von Denk- oder Verhaltensweisen gehören und die einen gemeinsamen Überbau bilden.

! Funktionsverwandtschaften sind positive Umstände für Wissenskommunikation und wie Kitt für herkunftskulturell heterogene Teams.

Differenz-verwandtschaften

Auch das Phänomen einer sogenannten Differenzverwandtschaft zwischen Kulturen hat positiven Einfluss auf Austausch in virtuellen Teams, wie z. B. Teams, die in den USA und in Deutschland oder Großbritannien sitzen. Es existiert eine Art von kultureller Vertrautheit unter Vertretern dieser Gesellschaften, da ihre Verwandtschaft in weitgehend gemeinsamen Werten liegt. Meinungsverschiedenheiten zwischen einem amerikanischen und einem deutschen Kollegen können zu einem gewissen Maß mit Vertrautheit als Basis für das Verständnis einer nicht ganz fremden Vermittlungsweise gelöst werden. Mit dieser Differenzverwandtschaft könnten Schweizer, Deutsche, Briten, Amerikaner bzw. Kollegen, die in den USA, in der Schweiz, in Deutschland oder England sozialisiert sind, als ein Subkollektiv bezeichnet werden. Diese Differenzverwandtschaft bedeutet ein kommunikatives Grundverständnis innerhalb von Gruppen, die sich als Folge positiv auf Gruppenzusammenhalt auswirken kann.

Sprachstile innerhalb einzelnder Teams

Die Gefahr dieser Verwandtschaften, die auch für andere Teammitglieder an wiederum anderen Standorten (wie z. B. in Asien oder in Deutschland ansässig und aus Asien kommend) wahrnehmbar sind, liegt in einer möglichen Subgruppenbildung mit diesen „verwandten“ Gruppenmitgliedern, die sich potenziell einfacher untereinander verstehen und dabei eventuell eine eigene Sprache unter sich entwickeln, ohne dies zu bemerken. Dieses Kommunikationsverhalten schließt häufig andere Gruppenmitglieder aus und ist folglich für optimale Wissenskommunikation zu meiden.

Die Entwicklung eines eigenen Sprachduktus innerhalb einer sprachverwandten Gruppe ist zu vermeiden, um andere Gruppen nicht auszugrenzen.

Frage zur Selbstreflexion:
Beobachten Sie Teams, die einen eigenen Sprachstil untereinander pflegen?

Virulenz der Kollektive

Kollektive sind virulenter Natur, das heißt ständig in Bewegung, denn andere außerberufliche Umstände, wie die des Privatlebens sowie das Spontane und das Emotionale in Menschen, oder Launenhaftigkeit im täglichen Umgang, lässt sich nicht wegreglementieren, und gerade die Spannung zwischen Reglement und Spontaneität funktioniert als Virulenzauslöser, wie Forschungen zu Unternehmenskultur bestätigen. Kollektive entfalten deshalb Virulenz und verändern sich über dynamische Prozesse, deren Weg und Ziel niemand vorauszusagen vermag. Es ist davon auszugehen, dass diese Virulenz nicht für alle Mitarbeitenden an verschiedenen Standorten sichtbar ist, sondern vielleicht begrenzt ist auf die Dynamik einer Gruppe an einem jeweiligen Standort. Das würde auf eine Subgruppenvirulenz hindeuten und eigene Dynamiken je Standort ermöglichen; ein ebenfalls zu vermeidender Vorgang.

Vertrauensentwicklung in verschiedenen Kulturen

Welche Kulturkreise in welcher Form Vertrauen abbauen, ist bisher leider nur punktuell erforscht, und das ohne sichere Empirie. Zudem gilt der Ansatz der Polyidentitäten der einem Versuch widerspricht, Vertrauensmodalitäten nach Kulturen festzumachen. Was aber zur Orientierung hilft, ist ein altbewährtes Modell des Psychologen Fritz Riemann, der in seinem 1961 erschienenen Werk „Die Grundformen der Angst" vier Persönlichkeitspole identifizierte. Alle vier Grundausrichtungen kommen bei jedem Menschen in unterschiedlicher Ausprägung vor. Aber meistens sind zwei dieser Ausrichtungen maßgebend für Empfinden und Verhalten. Diese Grundausrichtungen haben einen direkten Einfluss auf das Kommunikations- und Beziehungsverhalten. Hier die Grundausrichtungen und ihre Bedeutung in Bezug auf Vertrauensentwicklung:

Distanzorientierung:

Menschen mit Distanzausrichtung orientieren sich an der persönlichen Abgrenzung, Freiheit, Individualität, Eigenständigkeit sowie rationalem Denken und Handeln. Gefühl wird ungern gezeigt, was nicht bedeutet, dass diese Menschen gefühllos sind. Sie mögen nicht beeinflusst werden und suchen den Abstand. Mitmenschen empfinden sie als unnahbar, da ihnen die Vernunft über alles geht. Erst wenn ihnen in einer Beziehung zu anderen eine Rückzugsmöglichkeit gewährt wird, lassen sie sich auf Gefühle und Nähe ein. Fremde Hilfe lassen sie eher nur in absoluten Notfällen zu. Das Vertrauensverhalten dieser Menschen kann je nach Ausprägungen, die durchaus schwanken können, als rational bezeichnet werden, was jedoch nicht heißt, dass sie nicht auch mit vorhandenem Instinkt vertrauen. Klarer beurteilbar ist wohl der rationale Prozess im Fall eines als so empfundenen möglichen Vertrauensbruchs. Das kann sich in schnellem Rückzug manifestieren, wenn ein Mensch glaubt, aufgrund einer Enttäuschung bzw. empfundenen Selbsttäuschung falsch vertraut zu haben.

Menschen mit Distanzausrichtung:
Schneller Rückzug bei Vertrauensverlust

Näheorientierung:

Diese Menschen brauchen das Gegenteil von dem, was Distanzmenschen brauchen: Nähe zu anderen Menschen, Bindung, Vertrauen, Empathie, Harmonie. Sie brauchen viel Bestätigung und sind zuweilen selbstlos bis hin zur Selbstaufgabe. Sie sind oft in sozialen Projekten engagiert und identifizieren sich leicht mit anderen, häufig Notleidenden oder Schwächeren. Kontaktfähig, teambereit, ausgleichend, verständnisvoll sind ihre Attribute. In extremen Ausmaßen neigen sie zu Abhängigkeit, da sie ungern allein und häufig aggressionsgehemmt sind und somit viel tun, um Beziehungen zu retten. Sie fassen um der Harmonie des Vertrauens willen leicht Vertrauen und lösen sich im Fall eines Vertrauensbruchs nur schwer aus einer Arbeitsbeziehung heraus. Veränderungen wie eine Unternehmenstransformation nehmen sie eher nicht so schnell an aus Angst vor möglichen Verlusten, denn Veränderung bedeutet für diese Menschen auch ein eventuelles Risiko und Verlust einer gewohnten emotionalen Nähe.

Menschen mit Näheausrichtung:
Vertrauen um der Harmonie des Vertrauens willen und emotionalbasierte Skepsis bei Transformationsprozessen

Langzeitorientierung:

Wichtig für Menschen mit dieser Tendenz sind Zuverlässigkeit, Pünktlichkeit, Sparsamkeit, Verantwortung, Wille, Planung, Vorsicht, Kontrolle, Ziele, Kontinuität, Verbindlichkeit, Notwendigkeit, Treue, Regeln, Analyse, Stabilität, Verpflichtung. Diese Menschen sind verlässlich, systematisch, prinzipientreu und werden von anderen oft als langweilig, pedantisch und unflexibel wahrgenommen. Vertrauen sollte aus Prinzip auf Ewigkeit in Treue bestehen, wenn es jedoch gebrochen wird, wird es kaum reparabel sein. Auch diese Menschen tun sich mit Veränderungsprozessen schwer, da Veränderung für Diskontinuität und mögliche Instabilität steht. Deshalb ist es besonders wichtig, sie in wiederholten Gesprächen davon zu überzeugen, dass sie Vertrauen in den Changeprozess haben können, da er eine Notwendigkeit darstellt, auf Analysen beruht und sauber geplant wurde. Somit werden die Werte dieses Typus angesprochen.

! Menschen für Langzeitausrichtung:
Vertrauen sollte aus Prinzip auf Ewigkeit in Treue bestehen, Transformationsprozesse müssen faktisch überzeugen

Wechselorientierung:

Für Menschen mit dieser Grundausrichtung steht alles Neue und Wechselnde im Vordergrund. Sie sind das Gegenteil der langzeitausgerichteten Menschen. Alles, was mit Leidenschaften, Reizen, Rausch und Fantasie zu tun hat, ist für sie sehr wichtig. Sie suchen Genuss, Charme, Kreativität, Temperament, Suggestion, Spontaneität, Risiko, Ideenreichtum, Dramatik und Begehren. Diese Menschen sind neugierig, wünschen, suchen, lernen und leben gerne aus dem Vollen. Sie sind kreativ, einfallsreich, spontan und unterhaltsam. Sie können von anderen aber auch als unzuverlässig, chaotisch, theatralisch, egozentrisch, geschwätzig und unsystematisch wahrgenommen werden. Vertrauen kommt und geht, es entsteht schnell und kann auch wieder repariert werden, wenn es mal gebrochen wird.

Menschen mit Wechselausrichtung:
Vertrauen kommt und geht, Veränderungen sind nicht nur willkommen, sondern werden auch initiiert.

Fragen zur Selbstreflexion:
Welchem Typ könnten Sie entsprechen und welche Typen finden sich in Ihrem Team?
Wie manifestieren sich diese Zuordnungen im Changeprozess oder im Vertrauensverhalten?

Die Kombination zählt im Changeprozess

Gemäß Riemann ist so gut wie jeder Mensch eine Kombination von zwei Ausrichtungen, und das wiederum in facettenreichen Ausprägungen. Allerdings ist nach Riemann jeder Mensch einem Faktorenfeld auf dem dargestellten Koordinatenkreuz zuordenbar.

Das Riemann-Modell

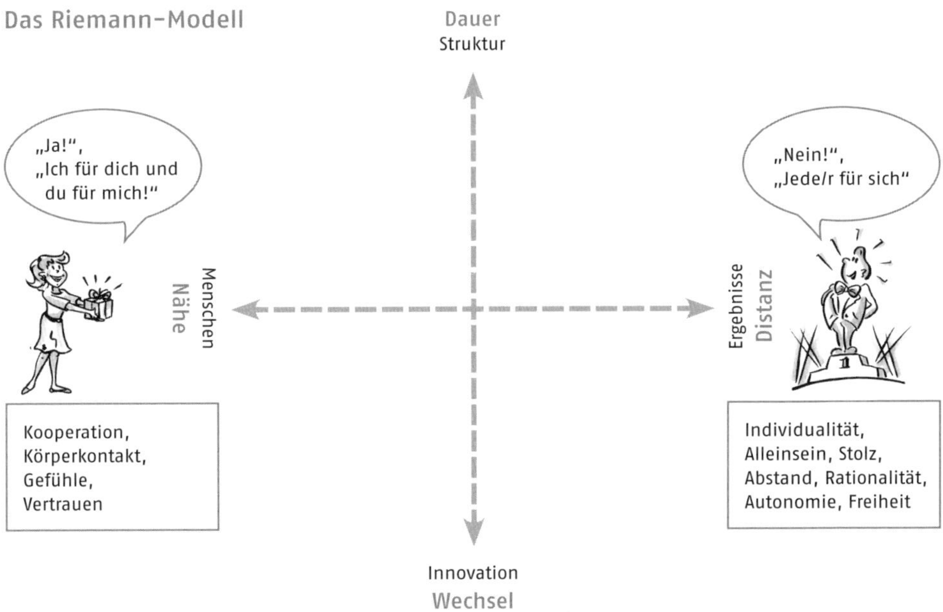

Vielleicht sind an dieser Stelle manche Leser geneigt, bestimmte ihnen bekannte oder rätselhafte eher unbekannte Kulturen zuordnen zu wollen. Das ist unterhaltsam, aber nicht sinnstiftend, da innerhalb von Kulturen die gleichen Ausrichtungen existieren. Man könnte höchstens von tendenziellen Häufigkeiten sprechen, was aber keine Hinweise auf individuelle Verhaltensweisen gibt. Das heißt im Fazit: Alle Formen des Vertrauensverhaltens sind in allen Kulturen beobachtbar.

Alle Formen des Vertrauensverhaltens sind in allen Kulturen beobachtbar.

Situationsabhängigkeit

Jede dieser Grundausrichtungen ist durch unterschiedliche Situationen und das Verhalten von anderen Menschen beeinflusst. In der Unternehmenswelt sind positive Tugenden meist im Langzeit- und im Distanzbereich angesiedelt, da die zugeordneten Tugenden wie Rollenerfüllung, Zuverlässigkeit, Pünktlichkeit, Genauigkeit und Seriosität im Mittelpunkt stehen, also an dieser Stelle oberflächlich betrachtet Geschäfte sachbezogen funktionieren. Irrtümlicherweise bewerten Führungspersonen ihre Teams bzw. Mitarbeitenden oft nach diesen Prinzipien, was ein fataler Fehler ist, wenn es um das Generieren von Ideen oder um Wissensaustausch geht. Denn besonders die offenen, emotionaleren, näheorientierten Menschen, die gerne kommunizieren und ihrer Natur entsprechend mit hoher Wahrscheinlichkeit auch freiwillig ihr Wissen austauschen möchten, sind in Wissensaustauschprozessen enorm wichtig und leisten einen fördernden Beitrag für Innovation. Und das gleiche gilt für die häufig als unzuverlässig wahrgenommenen Menschen mit Wechselorientierung. Sie sind wichtig bei der Initiierung und Förderung von Changeprozessen und können mit ihrer naturgegebenen Begeisterungsfähigkeit ganze Teams auf die Reise zu mehr Innovation mitnehmen.

Ideen- und Wissensaustausch braucht sowohl Menschen mit Emotion und Changeorientierung als auch faktenorientierte Langzeitausrichtung.

Frage zur Selbstreflexion:
Aus welchen Orientierungen setzt sich Ihr Wissensteam mit dem Auftrag Innovationsförderung zusammen?

Abgesehen davon, dass das Riemann-Modell keine Bewertung der Quadranten im Sinne von gut, besser, schlecht oder schlechter, sondern prinzipiell als in der Gesamtheit gesehen ergänzend definiert, kann jeder Mensch alle vier Facetten erleben und selbst leben, falls oder wenn die Konstellation entsprechend eine Rolle bzw. Reaktionsweise anbietet oder auch erfordert. Der für sich entdeckte „Heimatquadrant" ist letztlich die Summe der am häufigsten favorisierten oder negativen Erfahrungen in zwischenmenschlichen Beziehungen. Er zeigt auch die persönlichen Rückzugsmöglichkeiten in Konfliktkonstellationen oder im Fall von Vertrauensverlust, also die Verhaltensweisen, die man als Individuum präventiv und auch gewohnheitsbedingt einnimmt.

Kulturbedingte Erwartungen: Indien und China

Trotz aller Relativierungen möglicher kultureller Unterschiede der Vorkapitel seien hier gesellschaftsabhängige Regeln in einer kleinen Auswahl von Kulturkreisen dargestellt, über die viele deutsche Manager häufig immer wieder stolpern. Im Wesentlichen geht es um den Faktor Zeit – sei es für die Dauer bis zur Vertragsunterschrift oder für die Zeit für das entstehende Vertrauen zu Vertragspartnern. Beides erfordert gezwungenermaßen überdurchschnittliche Geduld bei den Managern.

Indien

Unsichtbare Hierarchien

Aus zahlreichen Ratgeberbänden über indisches Geschäftsgebaren ist deutschsprachigen Lesern die Verquickung von (aus deutscher Sicht) unendlichen Tiefen von Hierarchiestufen mehr oder weniger bewusst. Welche Auswirkungen diese vielschichtigen Hierarchien auf konkrete Geschäftsabschlüsse letztendlich haben, erfahren viele erst dann, wenn sie zum Beispiel zunächst nicht nachvollziehen können, weshalb so ein Abschluss gefühlt siebenmal länger dauert als in Deutschland, wenn doch aus unserer Perspektive auf beiden Seiten längst alle Punkte abgesegnet wurden. Dazu der folgende Fall eines Missverständnisses, welches jedoch durch persönliche Reflexion des CEOs das Vertrauen letztlich nicht beeinträchtigte:

Fall Adecco

Auf die Frage nach Situationen, in denen Missverständnisse aufgrund von unklaren Dialogen entstehen, antwortet der ehemalige CEO und Vorstandsvorsitzende des weltweit größten Zeitarbeitsvermittlers Adecco Group, Dieter Scheiff, in einem persönlichen Interview mit der Autorin:

„Indirekt hatte ich eine Situation mit einem indischen Vertragspartner, der unseren Vertrag immer wieder neu korrigiert hatte. In unseren europäischen Kreisen neigen wir eher dazu, Verträge dann zu machen, wenn alles abgesprochen ist. Danach geht es dann nur noch um kleinere Details und die Unterschrift. Ich bekam aber bei dem Abkommen mit diesem Partner über Monate den Vertrag mit Änderungen zurück, was mich irritierte. Es war ein enormer Zeitaufwand – jedenfalls nach meinem relativen Verständnis von Zeitaufwand. Ich brauchte eine Weile, um zu begreifen, dass nach indischem Geschäftsgebaren Verträge zunächst einmal in der Rohfassung langsam miteinander entstehen und dann immer wieder schriftlich hin und her geschoben werden. Das heißt also, nichts ist statisch, alles ist im Fluss. Mein erster Gedanke war: Warum traut der uns nicht? Dabei habe ich nicht bedacht, dass er sich vielleicht dieselbe Frage gestellt haben könnte, weil wir – relativ gesehen – Dinge schnell besiegeln wollten. Meine Erkenntnis daraus ist, dass es sehr wichtig ist, andere Menschen nicht zu kategorisieren und das eigene Weltbild nicht zum Status quo zu erheben. Damit macht man sich das Leben

schwer, denn diese Projektion der eigenen Erwartungshaltung auf andere kreiert interkulturelle Blockaden. Gerade in multikulturellen Situationen ist es ganz wichtig, sich immer wieder selber infrage zu stellen. Das erfordert Mut und Selbstvertrauen, denn damit mache ich mich nach außen verletzbar.“

Die Projektion der eigenen Erwartungshaltung auf andere kreiert interkulturelle Blockaden

Unsichtbare Erwartungen

Unterschiedliche Erwartungen, was eine auszuhaltende Zeitdauer bis zum Erreichen eines Zieles betrifft, sollten ins Bewusstsein gerufen werden. Man könnte ebenso behaupten, dass es Manager in Deutschland tendenziell besonders eilig haben, zum Abschluss zu kommen. Hand auf Herz: Wenn Sie sich unter Druck gesetzt fühlen von einem Kollegen oder einem Vertragspartner, würden Sie sich vielleicht auch wundern, weshalb er oder sie es so eilig hat. Eile bedeutet für andere Kulturen unter Umständen, dass etwas in der Zukunft zu verbergen sein könnte, was folglich das Vertrauen ausbremst.

Fragen zur Selbstreflexion:
Wie reagieren Sie auf nach Ihrem Empfinden zähe Vertragsverhandlungen?
Beginnen Sie an dem Geschäft zu zweifeln?
Bewerten Sie den Vertragspartner?

Fall indische IT-Manager

In einer Umfrage (Voigt 2013) ging ein global präsenter Rückversicherungskonzern am Hauptsitz in Zürich der Frage nach, wie Schweizer, Deutsche und US-amerikanische IT-Manager im selben semivirtuellen Team mit ihren indischen Vertragspartnern kommunizieren und Wissen austauschen, welches für ihre globalen IT-Projekte entscheidend ist. Es zeigte sich, dass probate Wege für den Austausch von Wissen gefunden wurden.

Hier ein Abbild der Umfrageergebnisse zusammengefasst aus original Interviewteilen:

Schweizer IT-Manager:
„80 Prozent des Wissensaustauschs mit indischen Vertragspartnern ist einseitig; dieser funktioniert unter der Prämisse, dass die Inhalte gut durchstrukturiert sind und die englische Sprache von allen gut beherrscht wird. Es ist in der indischen Mentalität nicht natürlich gegeben, eine freiwillige Verantwortung für den Austausch von Wissen zu tragen. Es ist vielmehr prioritärer Standard, den Kunden – also uns – zufriedenzustellen. Aber für uns ist es eben nicht zufriedenstellend, zu hören, was wir eventuell hören wollen, weil es uns im Projekt nicht weiterbringt. Wir halten es für wichtig, unsere Experten in Indien in die Entscheidungsprozesse einzubinden, da sie das Know-how haben. Ein indischer Kollege, der seit sechs Jahren in der Schweiz arbeitet und vorher in New York lebte, brauchte ein Training, um negative kritische Fakten und Erkenntnisse auszutauschen, damit wir Probleme lösen konnten und Besserungen in der IT insgesamt bieten konnten. Aber leider ist die ausgeprägte Dienstleistungsmentalität ein Hindernis dabei. Letztendlich half es, durch persönliche Treffen auch außerhalb der Arbeitszeit bei gemeinsamen Mittagessen und Abendessen Vertrauen aufzubauen, ohne welches es wenig Sinn ergeben hätte, von Angesicht zu Angesicht darzulegen, weshalb es uns als Kunden besonders wichtig ist, dass wir uns auch über kritische Herausforderungen austauschen. Ich musste explizit sagen, dass wir negatives Feedback erwarten."

! Explizit sagen, dass negatives Feedback erwartet wird, und das Gespräch vorher durchstrukturieren.

Deutsche IT-Managerin:
„Ich ermutige unsere indischen Kollegen, Fragen zu stellen und ihre eigenen Ideen einzubringen. Für sie ist es schwierig, ihre eigene Meinung zu äußern, sollte sie von der des Kunden divergieren.

Sie stellen hingegen mehrmals sicher, dass sie etwas richtig verstehen. Meine anderen deutschen Kollegen wundern sich immer wieder, weshalb die Kollegen in Indien sich achtmal wegen einer Sache melden, und werden bei diesen Gesprächen oft ungeduldig, was das Vertrauen der Inder wiederum nicht gerade unterstützt.“

Zum Fragenstellen ermutigen.

Amerikanische IT-Managerin:
„Inder wollen gefallen und es allen recht machen. Wenn es aber um Details geht in unserem Austausch, fiel es uns zuerst schwer, die Bedeutung hinter den Worten zu identifizieren. Wir lernten dann einen extrem expliziten Sprachumgang mit ihnen, um ihre Passivität in aktiven Austausch zu verwandeln. Selbst wenn man in Indien sicher ist, einen besseren Weg zu kennen, würden wir ihn nicht erfahren. Deshalb hilft die klare Aufforderung, ihre eigene Meinung darzulegen.“

Es hilft die klare Aufforderung, ihre eigene Meinung darzulegen.

China

Lost in Translation

Das inzwischen in unseren Kreisen bekannte und viel zitierte „Guanxi“ (oft ins Deutsche übersetzt als „Netzwerk“) gilt in China als das Tor zum Erfolg. Dabei ist unbedingt zu beachten, dass die Definition eines „Netzwerkes“ sehr unterschiedlich ausfallen kann, denn die Frage, welche Tiefe so ein Netzwerk hat, ist entscheidend. Wenn in der chinesischen Kultur von Guanxi gesprochen wird, sollten wir das in Europa eher als „Relationship Management“ oder Beziehungspflege verstehen, wobei die Dauer bzw. Qualität einer Beziehung den Wert beschreibt. Das bedeutet, dass Vertrauen erst mal als Priorität geschaffen wird, bevor irgendwelche Ziele definiert werden. Und genau daran scheitern zu Beginn viele Europäer.

Die Zeit aller Welt für Guanxi

In der chinesischen Kultur denken Manager in erster Linie zunächst nicht an geschäftliche Abwicklungen. Es geht zu Beginn einer möglichen Kooperation um eine intakte zwischenmenschliche Beziehung, die in einem stabilen Netzwerk entsteht. Diese Beziehungen in einem Netzwerk aufzubauen, braucht seine Zeit, die deutsche Manager wahrscheinlich nicht zu haben glauben. In der westlichen Managementschule gilt die Formel:

$$\text{Wert} = \frac{\text{Qualität} \times \text{Service}}{\text{Preis}}$$

In der chinesischen Managemenschule gilt die zeitintensivere Formel, und dabei hat das Guanxi den allerhöchsten Stellenwert:

$$\text{Wert} = \frac{\text{Qualität} \times \text{Service} \times \text{Guanxi}}{\text{Preis}}$$

Ausländer ausgeschlossen

In einem Gespräch mit dem chinesischen Manager Zheng Xiao Feng wird deutlich, wie in der chinesischen Geschäftswelt Vertrauen entsteht (Voigt 2009):

„Die Rahmenbedingungen sind zunächst anders als bei Europäern, denn die Chinesen setzen sich nicht gemeinsam an einen Tisch mit einem bestimmten Zeitrahmen. Sie treffen sich nachts zum Pokern oder zum MaJiang-Spielen. Das ist eine Art Schach zu viert. Diese Zusammenkünfte finden dann regelmäßig statt, man lernt sich sozusagen „spielend" kennen. Aber das Unternehmen des Gastgebers sieht man in dieser Phase des Kennenlernens nicht am Tag, weil es gar nicht darum geht, die Arbeitsweisen des Unternehmens zu erfassen, sondern den Menschen – den potenziellen zukünftigen Geschäftspartner dahinter. Und so entwickelt sich eine Freundschaft, die erst mit diesem Fundament eine Geschäftsbeziehung werden kann. Deshalb sind chinesische Geschäftsbeziehungen nachhaltig, sie sind gleichzeitig auch persönliche Freundschaften auf Lebenszeit. Es ist für Nichtchinesen unmöglich, in diese Vertrauenszirkel einzudringen. Zumal diese ersten privaten Treffen mit den Chefs größerer Unternehmen auf Einladung über Agenten laufen. Außerdem finden Gespräche

niemals telefonisch statt, sondern von Angesicht zu Angesicht. Genau wie dieses Interview nie ohne das physische Beisammensitzen stattfinden würde und auch nicht ohne die Vermittlung unseres gemeinsamen Kontaktmannes des Vertrauens.“

Frauen ausgeschlossen

Und auf die Frage, ob chinesische Managerinnen auch Teil dieser Zirkel sind, sagt Feng:
„Frauen sind nicht Teil dieses Netzwerkes. Ich habe zirka 300 Kontakte in meinem Handy. 150 von diesen Kontakten sind Menschen, die ich Tag und Nacht anrufen könnte, um sie um sofortige Hilfe zu bitten, wenn ich sie brauche. Sie würden umgehend für mich alles tun, was es braucht, um mir in einer schwierigen Situation auszuhelfen. Und umgekehrt würde ich genau das Gleiche für sie tun, sollten sie mich darum bitten. Diese Freundschaftsdienste sind eine Selbstverständlichkeit in China, sie stehen niemals außer Frage. Wer sich allerdings dann nicht hilft, bleibt nicht mehr Freund. Wenn Männer tagelang Zeit miteinander verbringen, um alles übereinander zu erfahren, würde das in einer Situation mit einer Frau und einem Mann nicht funktionieren. Sie kämen sich zwar näher, aber nicht im Sinne einer Geschäftsbeziehung. Eine Geschäftsfrau würde nie drei Tage mit einem männlichen Kunden verbringen“.

Interkulturelle soziale chinesische Netzwerke?

Es existieren bisher wenige Studien in der deutsch- oder englischsprachigen Literatur, die Hinweise darauf geben könnten, mit welchen Prozessen Wissensaustausch innerhalb von chinesischen Unternehmen stattfindet. Der Tenor der Studien tendiert immerhin zu der Vermutung, dass aufgrund des ausgeprägten Netzwerkhandelns in der chinesischen Kultur soziale Netzwerke einen sehr hohen Stellenwert innerhalb von chinesischen Unternehmen einnehmen. Diese sozialen Netzwerke sind wahrscheinlich Basis für Wissensaustausch. Offen ist, wie der Wissensaustausch mit Mitarbeitenden geschieht, die nicht Teil eines sozialen Netzwerks sind, und ob zwischen Netzwerkmitgliedern und Nichtmitgliedern Vertrauen entsteht. Und wo stehen weibliche chinesische Mitarbeiterinnen gesamtunternehmerisch, wenn sie ihr eigenes Frauennetzwerk einrichten?

Im Fall von deutsch-chinesischen Firmenübernahmen könnten Silos von separat geschützten Wissensgruppen bzw. Subgruppen (wie in Kap. 2 kritisch beschrieben) entstehen, die einen erhofften innovativen Schub durch Firmenzusammenschlüsse verhindern würden. In diesem Szenario sollten Führungspersonen und Manager deshalb ihre Rolle im transaktionalen Führungsstil besonders stark ausüben, denn die Grundstruktur des Managements in chinesischen Unternehmen ist von autoritärem hierarchischem Führungsstil geprägt. Es bleibt zu beobachten, mit welchem Führungsstil chinesische Manager in Deutschland mit deutschen Mitarbeitenden agieren. Auch ist eine Definition der Organisationsstruktur und Unternehmenskultur des chinesischen Konzerns CATL in der neuen Batteriezellenfabrik für Elektroautos in Erfurt eine Beobachtung wert.

4 Herausforderung Organisationsstruktur

Bis jetzt wurden die Aspekte der virtuellen Kommunikation und Führung, soziale Identität, persönliches und institutionelles Vertrauen und interkulturelles Handeln, beleuchtet. Das alles geschieht in einem bestimmten Rahmen – der Organisationsstruktur mit einer definierten Organisationskultur, auch Unternehmenskultur genannt. Gehen wir nun der Frage nach, welche Strukturen und Unternehmenskulturen sich am besten für Wissensaustausch in heterogenen virtuellen Teams eignen. Es werden verschiedene Szenarien beleuchtet, in denen sich Firmen befinden, da es keine „one size fits all"-Lösung gibt.

Organisation einer Wissenskultur

Eine Kultur zu gestalten und zu definieren, die Wissensaustausch fördert, ist relativ einfach, wenn sich ein Unternehmen in der Gründungsphase befindet oder über Jahre aus eigener Kraft wächst, sodass sich eine eigene Kultur natürlich und von alleine bildet. Bei Firmenübernahmen und Zusammenschlüssen ist die Organisation einer Wissenskultur eine echte Herausforderung.

Post-Merger-Situation

Als situativ ungünstiger Ausgangspunkt für die Etablierung einer Organisationsstruktur hinsichtlich einer Wissenskultur ist eine Post-Merger-Situation. Wann Post-Merger-Phasen abgeschlossen sind, kann nicht beziffert werden, da sie unter Unternehmen stark variieren, das kann bereits nach zwei Jahren der Fall sein, sich aber durchaus auch bis zu sieben Jahren hinziehen. Hinweise auf eine abgeschlossene Integration zweier Unternehmenskulturen geben noch bestehende unterschiedliche Kulturen des akquirierten bzw. des akquirierenden Unternehmens. Sinn und Zweck von Mergers oder Akquisitionen ist jedoch häufig die Erweiterung von Geschäftsfeldern mit dem Wissen der erworbenen oder der zusammengeführten Firma. Das bedeutet, dass gerade nach Firmenzusammenschlüssen das Thema der Organisation einer Firmenkultur mit Fokus auf Wissensintegration von hoher Bedeutung ist. Schließlich geht einem Zusammenschluss eine hohe finanzielle Investition voraus. Umso mehr erstaunt es, dass sich Geschäftsführungen selten mit Strategie und Priorität dem Aufbau einer Wissenskultur widmen. Im Kontext von Organisationsstrukturen wird besonders die Rolle der Führung zur Gestaltung dieser Strukturen relevant.

Vorsicht vor Polyautonomien

Eine sogenannte Polyzentrizität, das heißt eine vielfache Zentrierung von mehreren gleichberechtigen Kulturen, die durch eine Post-Merger-Situation ausgelöst werden kann, und damit zuvor entstandene Polyautonomien mit jeweils eigenen Kommunikationsstrukturen und Erwartungen greifen nicht ohne Weiteres ineinander. Es geht in einer Post-Merger-Situation unter anderem darum, die neuen gemeinsamen Interessen der zwei zuvor separaten Unternehmen zu vernetzen und an die Interessen der individuellen Gruppen- oder Teammitglieder zu koppeln. Eine wichtige Rolle spielt in diesem Zusammenhang unter anderem die für Netzwerke charakteristische Erfolgsinterdependenz.

Erfolgsinterdependenzen

Erfolgsinterdependenzen sind in Teams oder Projektgruppen bei Zeitdruck für schnelle Lösungsfindungen erkennbar. Dabei sind Teammitglieder mehr oder weniger gezwungen, sich auf Resultate und schnelle Problemlösungsfindungen zu konzentrieren. Im Fall von virtuellen Projektgruppen geht es zudem häufig um Kostendruck und darum, in kürzester Zeit maximalen Austausch zu haben, um potenzielle Fehler zu unterbinden.

Zeitdruck ist ein positiver Erfolgsfaktor für Wissenstausch mit fördernden Interdependenzen.

An der Erfolgsinterdependenz orientiert und unabhängig von Zeitdruck erfordert Wissensaustausch Managementaufgaben, welche die Planung, die Koordination, die Unterstützung von Kooperation mit motivationsfördernden Mechanismen beinhalten.

Eine Kontrolle von Wissensarbeit ist jedoch unmöglich, denn die Verfasstheit des impliziten, unbewusst in Menschen ruhenden Wissens einerseits und die Verwobenheit der Wissenspraktiken mit den lokalen Kontexten andererseits bedürfen der Organisation durch die Gruppe als selbstgeführt oder durch eine Führungsperson.

Klare Definition der Autorisierung

Manche Team- oder Gruppenmitglieder haben die Autorisierung, Entscheidungen zu treffen, und nicht jeder braucht eine Diskussion für jede Kleinigkeit. Aber nicht jeder fühlt sich wohl, Entscheidungen selbst zu treffen, obwohl man dafür organisatorisch befähigt ist. Und das hat nichts mit dem Wissen zu tun, sondern mit der Persönlichkeit, eigene Einschätzungen machen und Mut für Entscheidungen aufbringen zu können.

Für die Führung bedeutet das ein notwendiges Fingerspitzengefühl, den Bedarf an Unterstützung zu erkennen, damit die ausgewählten Mitarbeitenden mehr Eigenverantwortung übernehmen können.

Bei der Vergabe von Eigenverantwortung innerhalb von virtuellen Teams ist es unwesentlich, in welcher Organisationsstruktur das Gesamtunternehmen aufgestellt ist.

Bei Hierarchiestruktur zu beachten

Eine Organisationskultur zeichnet sich hinsichtlich einer Wissenskultur besonders durch individualistische respektive kooperative Handlungsweisen aus. Hierarchieorganisationen, die als Initialprozess für Wissensaustausch einen strukturorientierten Ansatz wählen, schüren unter den Mitarbeitenden die Erwartungen, dass das Unternehmensmanagement Leitbilder und Visionen vorgibt und dabei mit hoher Kommunikationsstruktur vorgeht. Zugleich kann eine Hierarchieorganisation den Weg der kooperativen Zusammenarbeit gehen, was strukturierten wie auch weniger strukturierten, informellen Wissensaustausch in virtuellen Gruppen ermöglicht.

Fragen zur Selbstreflexion:

Wie steht es um die Regelung der Eigenverantwortung in Ihrer Firma?
Geschieht Wissensaustausch in Ihrer Firma im Kollektiv?
Wird er eingefordert oder eher eingeholt?

Die Grenzen von Eigeninteresse und kooperativem Verhalten verschwimmen oft, weil Eigeninteresse ein variabler Begriff ist, der unterschiedlich interpretiert wird. Mehr Offenheit und weniger Individualismus und Abteilungsdenken bringen weiter und führen zu gemeinsamen, langfristigen Zielen und Erfolgen.

Abteilungsübergreifend denken

Es ergibt also Sinn, mehr Kooperation mit dem abteilungsübergreifenden Ziel eines gemeinsamen Erfolgs einzufordern. Das wiederum erfordert eine funktionenübergreifende Haltung aller Mitarbeitenden mit Sicht auf eine vielschichtige Wertekette.

Funktionenorientierter Wissensaustausch

Wissen ist kontextabhängig, was es erschwert, eine generelle Formel für eine ideale Organisationsstruktur für optimalen Wissensaustausch zu entwickeln.

Eine unterschiedliche Gewichtung an Inhalten hat zur Folge, dass letztendlich die Erwartungen an den Inhalt des Wissensaustauschs am ehesten erfüllt werden können, wenn Arbeitsgruppen nach Funktion und weniger nach Hierarchie zusammengesetzt sind. Selbst bei Teams, die einer übergeordneten Funktion innerhalb einer Firma angehören, sind die Wissensinhalte vielfältig genug und damit auch die inhaltlichen Schwerpunkte der Arbeit der einzelnen Mitarbeitenden, was sich am konzentrierten Interesse für bestimmte Inhalte zeigt. Interesse an spezifischen Inhalten besteht meist innerhalb einer Wertekette, sprich einer enger gefassten Funktionengruppe. Somit sind die Prioritäten Einzelner aufgrund unterschiedlicher Inhalte durch unterschiedliche Rollen eben auch unterschiedlich.

Diese Differenzierung spricht für die Etablierung von lösungsorientierten Interessensgruppen bzw. Communities of Practice (CoPs), in denen sich Fokusgruppen mit ähnlichem Funktionsbackground treffen.

Allerdings sind die Meinungen, in welcher Weise Wissensaustausch in Bezug zum Inhalt strukturiert sein soll, zweigeteilt:
Manche vertreten die Ansicht, dass der Austausch von Wissen Grenzen haben darf, wenn die Rollen der Kollegen zu unterschiedlich sind, denn nicht alle brauchen über ihren Aufgabenbereich hinaus wirklich alles zu wissen und nicht jeder muss alles für seine Aufgabenfelder verstehen.

Die gegenteilige Ansicht, nämlich dass der Wissensaustausch breiter gefächert sein sollte, um für das Gesamtunternehmen einen Vorsprung auf dem Markt zu erarbeiten, wird so begründet:

Man braucht ein breiteres Hintergrundwissen von verschiedenen Funktionstypen, um schließlich zu den besseren Resultaten zu kommen. Deshalb sollte Austausch in hoher Variationsbreite stattfinden und zugleich die Bedürfnisse aller berücksichtigen.

Für Vorgesetzte ergibt sich bei beiden Vorgehensweisen folgende Herausforderung: Einzelne Manager mögen nicht alle Inhalte genau genug kennen, um diese auch vollumfänglich verstehen und an ihre Teams korrekt weitergeben zu können. Doch genau dort ist dieses Wissen essenziell.

Und noch ein weiterer Aspekt ist: Nicht selten fehlt, unabhängig von der Führung, vielen Arbeitsgruppen die Klarheit darüber, wer in welchen Bereichen wie viel wissen könnte, um es bewusst und zielgruppenadäquat weitergeben zu können. Die Organisation von Wissenskommunikation orientiert sich an den Schwerpunkten zukünftiger Geschäftsbereiche bzw. an geplanten Innovationen.

Fragen zur Selbstreflexion:
Was tragen Ihre einzelnen Teammitglieder an Wissen in sich?
Welche Wissensbereiche bestimmen die Zukunft Ihres Unternehmens?

Um möglichen innovativen Wegen Richtungen zu geben, bietet sich die Entwicklung von formalen Systemen für das Management von Wissen an, die in informellen sozialen Gruppierungen eingebettet sind, die sich jeweils mit gemeinsamer Problemlösung befassen bzw. die gleichen Interessen teilen. Diese informellen sozialen Gruppierungen können selbstgeführt entstehen, allerdings zusätzlich unter Beobachtung durch das Management, welches im Idealfall über die zukünftige Relevanz der jeweiligen Wissensbereiche informiert sein sollte.

Diesen Wissensgruppen ein gewisses Maß an Freiraum zu geben, ist Zeichen des Vertrauens gegenüber der Wissensarbeit und motiviert für weiteren Austausch. Dieser Praxis im Wissensaustausch liegt eine Unternehmenskultur zugrunde, die sich durch partnerschaftliche Zusammenarbeit und Verbindlichkeit auszeichnet. Positiv wirkt sich dabei ein menschenorientierter Verhaltenskodex aus, der zudem eine positive Wirkung auf das interne Employer Branding bzw. die Arbeitgebermarke hat, wie beispielweise im Fall des Mittelstandsunternehmens Renolit, eines international marktführenden Herstellers hochwertiger Kunststofffolien und Kunststoffprodukte (siehe auch Kapitel 6).

Kommunikationsstruktur

Es variiert stark, ob formelle oder eher informelle Kommunikationsstrukturen präferiert werden, wie bereits in Kap. 2 erläutert. Sie gehen mit den jeweiligen Organisationsstrukturen und -kulturen einher, wie sie jedes Unternehmen für sich definiert.

Argumente für formelle Kommunikationsstrukturen, die das Bedürfnis nach Fokus und strukturierten Inhalten erfüllen:

- Mehr Struktur erzeugt Disziplin und führt damit zur strukturierten Weitergabe von Wissen an andere, die nicht am gleichen Standort sind.
- Strategische Struktur erzeugt gezielte Wissenskommunikation und Themenfokus.
- Inhalt, Rezipient und Zeitpunkt der Kommunikation werden festgelegt.
- Ein gemeinsamer Kontext wird definiert und verschiedene Kommunikationsstile werden berücksichtigt.
- Strukturierter Best-Practice-Austausch im Topmanagement.
- Langfristige Themen erhalten Struktur.
- Kommunikationsplanung erfolgt auf Basis von Bedürfnissen.

Argumente für informelle spontane Kommunikationsstrukturen werden naturgegeben tendenziell intuitiv formuliert, wie „ist wichtig“, „zählt viel“, „Spontanität sollte möglich sein“, „zu viel Struktur ist langweilig“.

Zu bemerken ist, dass einzelne Präferenzen für formelle oder informelle Kommunikationsstrukturen durchaus kulturabhängig sein können, wie mit den Beispielen indischer oder chinesischer Wissenskommunikation kurz erläutert, aber auf jeden Fall unternehmenskulturabhängig sind. Eine Unternehmenskultur lässt sich letztendlich aus diesen jeweiligen Strukturen definieren.

Unternehmenskulturen lassen sich aus bestehenden Kommunikationsstrukturen definieren.

Fragen zur Selbstreflexion:

Ist die Kommunikationsstruktur in Ihrer proklamierten Unternehmenskultur verankert?

Wie würden Sie diese aus Ihrer Sicht als Teil eines Leitfadens beschreiben?

Formale Strukturen in Form von mit Standards gesetzten Prozeduren setzen Ideen und Wissen fest. Die Nachteile dieses Ansatzes sind möglicherweise innovationsschwache Denkmuster, hervorgerufen durch zu viel Struktur; die Auswirkung dessen ist, dass das implizite Wissen weniger hervorgeholt werden kann.

Beim informellen Kommunikationsansatz ist der Effekt umgekehrt: Locker entstehende soziale Gruppen erzählen sich gerne mal in Pausen Geschichten, die andere spontan auf neue Ideen bringen können. Die Vorteile bei diesem Ansatz sind die Schaffung eines Umfeldes für den Transfer impliziten Wissens und die Bereitschaft für den Austausch neuer Ideen. Mithilfe neuer Technologien können auch virtuelle Teams spontane Kaffeepausen genießen.

Case Cisco

Der IT-Konzern Cisco verfügt beispielweise über Videobildschirme in Menschengröße, die an einer Wand gleich neben der Kaffeemaschine an weltweit verbreiteten Cisco-Standorten installiert sind.

Wer also am Hauptsitz in Kalifornien im Kaffeeraum gerade mit Kollegen zusammensteht, hat zugleich auch die Kollegen beispielsweise in Hamburg vor sich. Ein spontaner Austausch ist damit virtuell genauso möglich.

Diese ermöglichte informelle Art des Wissensaustausches steht symptomatisch für die Brisanz der aktuellen Themen, mit denen sich der Marktführer für IT und Netzwerk beschäftigt. Dieser Markt ist derart agil, dass eine Marktführerschaft regen täglichen globalen Wissensaustausch voraussetzt.

Informeller Austausch bei kurzfristigen Aufgaben

Auslöser für spontanen Austausch sind häufig kurzfristige, operationale Themen, für die schnell eine Lösung gefunden werden muss. Das bedeutet, die Motivation entsteht durch Handlungsdruck, der die Aufgabeninterdependenz erhöht. Dadurch gehen virtuelle Teammitglieder einfacher aufeinander zu. Das Bedürfnis für Austausch entsteht dann, wenn es brennt.

Handlungsdruck ist mit verstärkter Aufgabeninterdependenz positiv für Austausch und eine informelle Kommunikationsstruktur förderlich.

Kombination für Nachhaltigkeit

Eine Kombination beider Ansätze ist jedoch vorzuziehen, dies nicht nur als Kompromissmaßnahme, um den unterschiedlichen Bedürfnissen von Teammitgliedern entgegenzukommen, sondern auch, um implizites Wissen in eine nachhaltige Struktur bringen zu können.

Beide Kommunikationsansätze finden sinnvolle Anwendung:

- Zur Ad-hoc-Lösungsfindung hilft schneller informeller Austausch.
- Zur Verbesserung langfristiger Orientierungen oder Lösungsfindungen bietet sich die Kombination mit strukturierter Prozessorientierung an.

Motivationskultur

Psychologische Grundlagen der Motivation

Motive sind für Individuen charakteristische Wertungsdispositionen, so die Definition des Motivationspsychologen Heckhausen. Das bedeutet, Menschen reagieren unterschiedlich auf bestimmte Merkmale von Situationen, die Motive anregen. Situationen können zur Realisierung von Bedürfnissen oder Zielen wie Wissensaustausch führen, können aber auch Bedrohung wie Angst vor Jobverlust signalisieren. Situationen und ihre individuell unterschiedliche Wertung fordern demnach auf, bestimmte Handlungen zu vollziehen und andere zu unterlassen. Diese evaluierten Merkmale einer Situation werden als Anreize bezeichnet. Der Begriff „Motivation“ beschreibt folglich eine momentane Ausrichtung auf ein Handlungsziel: Die verschiedenen Gedanken und Gefühle, die ein Verhalten auf Handlungsziele ausrichten, kennzeichnen die Motivation eines Menschen.

Entwicklungsbedarf bei der Führung

Motivation von Mitarbeitenden zum aktiven Wissenstransfer ist Führungsaufgabe und so auch das offene Bekenntnis zur Wichtigkeit von aktivem Wissensaustausch, das heißt, Erfolge müssen sich auch in den Entwicklungsmöglichkeiten der Führungskräfte niederschlagen. Hier haben die meisten Unternehmen noch einen weiten Weg zu gehen. Auch Führungskräfte müssen also motiviert werden, ihre Teams motivieren zu können. In diesem Zusammenhang ist es angebracht, den Führungskräften Entwicklungsmöglichkeiten (wie in Kapitel 7 erläutert) an die Hand zu geben.

Soziale Interaktion

Bei der Gestaltung von intrinsischen, also nicht monetär ausgerichteten, Anreizen durch die Führung sei hier die soziale Interaktion als wichtiger Bestandteil genannt. Denn ist das Gemeinschaftsgefühl, zusammen an einer Sache zu arbeiten, gegeben, steigt das Interesse an der Aufgabe und daran, diese mit hohem Engagement zu bewältigen. Um dieses Gemeinschaftsgefühl zu fördern, brauchen manche Gruppen Unterstützung durch die Führung. Auch der Aspekt dieser sozialen Interaktion mit der Führung sollte expliziter Bestandteil der Unternehmenskultur sein.

Führung nah dran

Rückmeldungen von Vorgesetzten über Aufgabenerfüllung erzeugen hohe Arbeitszufriedenheit, Autonomie in der Durchführung erwirkt erlebte Verantwortung für die Ergebnisse der eigenen Arbeitstätigkeit mit dem Effekt hoher intrinsischer Motivation, so weiterzumachen. Ganzheitlichkeit, Bedeutung und Vielfalt der Aufgabe haben den Effekt von erlebter Bedeutsamkeit der Arbeitstätigkeit und erzielen damit hohe Arbeitsqualität. Man spricht hier von einer gelebten Feedbackkultur, die grundsätzlich Vertrauen gibt.

Fragen zur Selbstreflexion:

Wie viel Orientierung wird Ihrem Team gegeben bzw. wie stark sind die Kollegen in Ihren Teams intrinsisch motiviert?
Definieren Sie – unabhängig von einer existierenden Version – Ihre tatsächlich gelebte Unternehmenskultur.

Psychologische Verträge

Gering motivierte Teams haben aller Wahrscheinlichkeit nach wenig Commitmentwissen auszutauschen. Commitment gegenüber dem gesamten Unternehmen ist ein zusätzlicher Faktor der Voraussetzung, das eigene Wissen freiwillig zu teilen und damit eine gewisse Sicherheitszone zu verlassen. Denn Commitmentwissen auszutauschen steht in direkter Verbindung mit der Beziehung und dem Austausch zwischen Individuum und Unternehmen, was der Arbeitspsychologe Rousseau (1995) mit dem Konzept des psychologischen Vertrags umschreibt: Der psychologische Vertrag baut auf individuellen Werten auf und wird von Unternehmen geprägt, wobei es um zum Teil unausgesprochene Regeln und Prinzipien zwischen Mitarbeitenden und deren Organisationen geht.

Commitment

Das Verhältnis zwischen Mitarbeitenden und dem Unternehmen verdichtet sich im positiven Fall nach einiger Zeit zu festen Erwartungsmustern, wodurch sich Anerkennungs- und Vertrauensverhältnisse als „implizite Verträge“ herausbilden. Voraussetzung für Commitment ist aber eine positive Wahrnehmung dieses Verhältnisses vonseiten der Mitarbeitenden.

Woran erkennen wir den Level an Commitment in Teams oder Projektgruppen? Folgende Äußerungen aus einer Studie (Voigt) geben Hinweise dazu:

- Wir versuchen, ein Klima für Wissensaustausch herzustellen.
- Wissensaustausch sollte Teil der Unternehmenskultur sein.
- Hürden im Wissensaustausch liegen in der lokal isolierten Haltung. Jeder möchte sich schützen. Was wir aber für globalen Wissensaustausch brauchen, ist Vereinheitlichung.
- Wir sind Teil eines globalen Kundendienstes, der nur optimal läuft, wenn wir unsere Standards vereinheitlichen.
- Vereinheitlichung ist der Schlüssel für unseren Service. Dabei versuchen wir, Wissen, das aus unterschiedlichsten Quellen stammt und verschiedenste Themen bedienen kann, zu standardisieren.
- Unser Unternehmen hat eine eher kurzfristig angelegte Unternehmenskultur, in der die Vielfalt des Wissens nicht richtig erkannt wird.

Aus diesen Wunschäußerungen bzw. Kritiken hinsichtlich der (verbesserungswürdigen) austauschunterstützenden Unternehmenskultur und des Rufs nach Standardisierung und Vereinheitlichung von Prozessen für globalen Wissensaustausch lässt sich ableiten, dass eine Motivation vorhanden ist und ein Commitment, im Sinne des gesamten Unternehmens zu kooperieren.

Frage zur Selbstreflexion:

Wie hoch schätzen Sie das freiwillige Commitment für Austausch in Ihren Teams ein?

In Kapitel 7 finden Sie einen Fragenkatalog als Vorlage für eine Mitarbeiterbefragung zum Erfassen des Commitments für Wissensaustausch.

Eine Einbettung von Wissensaustausch in übergeordnete Unternehmensziele ist wichtig für intrinsische Motivation. Zentral dabei sind die Ermutigung und Inspiration zu eigener Potenzialentfaltung. Ihre Potenziale werden Mitarbeiter insbesondere dann entfalten, wenn sie sich mit ihrem Unternehmen oder Projekt identifizieren. Identifikation und das Gefühl, Miteigentümer zu sein, werden durch erlebte Autonomie, Anerkennung, wahrgenommene Unterstützung durch die Organisation und verantwortungsvolle Aufgaben gefördert – alles Bedingungen der intrinsischen Motivation –, wie Untersuchungen zur „Psychological Ownership" zeigen. (North (2011)

Psychological Ownership

Die eigene Identität in der Unternehmenskultur wiederzufinden, verstärkt die intrinsische Motivation für Wissensaustausch.

!

Ein monetär-extrinsischer Anreiz ist nur möglich, wenn dieser auf Basis von messbaren Ergebnissen aufbaut. Ohne explizite Zielvorgaben gibt es keine messbare Zielerreichung für Ergebnismonitoring. Gruppen oder Teams müssen sich zudem einig darüber sein, ob sie Zieldefinitionen bzw. Prozesse brauchen und, wenn ja, welche.

Problem der Messbarkeit

Fragt man Teams nach der Qualität ihres Wissensaustauschs, wird häufig deutlich, dass die Qualitätssicherung der Inhalte kein bewusstes oder präsentes Thema ist. Das Bewusstsein für die Mittel, wie so eine Qualität gemessen werden kann, ist kaum ausgeprägt. Die Mehrheit von Befragten behauptet vielmehr, über die Messbarkeit der Qualität ihres Wissensaustauschs zuvor nicht reflektiert zu haben.

Qualitätsmessung wovon?

Fragt man einzelne Mitarbeitende derselben Teams, wie sie Wissen definieren, tritt eine Vielfalt von Assoziationen zur Definition ans Licht, wie im umseitigen Assoziogramm deutlich wird. Damit wird klar, warum mit einer Vielzahl an individuellen Definitionen eine Qualitätsmessung unmöglich ist.

Eine Frage der Definition

Assoziogramm zur Definition von Wissensaustausch

Rahmen

- Wissen sollte dokumentiert werden (21)
- Applikationen, wie WA funtioniert (21)
- man nähert sich an, aber jeder bleibt in seiner Kultur haften (11)
- Management zwischen zwei unbekannten Menschen (10)
- braucht Zeit, wenn sich Leute noch nicht kennen (10)
- muss organisiert werden (9)
- gleiche Tools (16)

Prozess

- WA ist immer progressiv (16)
- reziproke Aktivität mit Verantwortung, anderen zu helfen (12)
- Art des Transfers von Wissen unter den Abteilungen (4) (9)
- reziproker Prozess (1) (3) (7) (8)
- freiwilliger Prozess (1)
- Teil des Arbeitsprozesses (2)

Sinn + Zweck und Ziel

- gemeinsames Verständnis für das Wissen erreichen (23)
- für besseren Kundendienst (22)
- notwendig für jeden, um richtig zu entscheiden (12)
- sicherstellen, dass im Einklang gearbeitet wird (2)
- Erfahrungsaustausch (2) (5)
- Best-Practice-Austausch (2)(5)
- globales Alignment (2)
- für die Übersicht (3)
- für unterschiedliche Meinungen (3)
- ständig lernen und verbessern (7)
- zur Anwendung in der Praxis (20)

Kontext

- macht nur im Kontext Sinn (1) (11)
- Teil des Arbeitsstils (2)
- Fähigkeit, unser Wissen im Kontext unserer Vergangenheit + unseres Backgrounds anderen Individuen in Gruppen weiterzugeben (23)

Inhalt und Bedeutung

- harte und weiche Faktoren (5)
- je höher der Managementlevel, desto weniger WA (6)
- Fähigkeit, auf demselben Niveau zu kommunizieren (6
- Wissen erhalten, worüber ich noch nichts weiß (7)
- relevante Information für Mitarbeitende (13)
- freier Informationsfluss (19)
- Information und Wissen sind austauschbar (14)
- Konstanter Informationsfluss zwischen Teams und Individuen (22)
- Wissen bedeutet Verstehen (17)
- Wissen ist die Frage nach dem „Was" und „Wieso" (17)
- Businessprozesse und Applikationen (19)
- Austausch dessen, was in den Abteilungen vorgeht und genauso Detailwissen (19)
- Notwendiges Wissen und „nice-to-know"-Wissen (21)

Messbarkeit der Effizienz

- Messbarkeit ist unklar (2)
- Fähigkeit, Informationen zur effizienten Zusammenarbeit weiterzugeben (14)

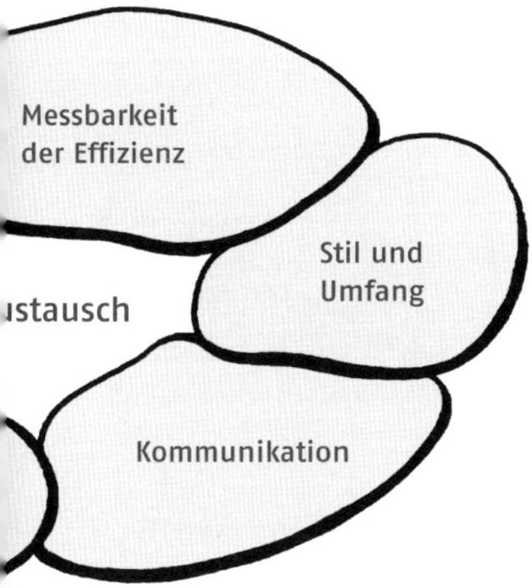

Stil und Umfang

- formal (3) (19)
- informell für Erfahrungsaustausch und Perspektiven (3)
- strukturierte Information (4)
- muss für alle verständlich formuliert sein (10) (13) (15)
- muss dosiert ausgetauscht werden, da jeder unterschiedlich viel aufnehmen kann (16)
- nicht zu viel austauschen, sondern eher gezielt Wissen von jeweiliger Relevanz abgeben (16)
- Austausch zwischen Menschen von unterschiedlichen Inhalten, die jedem Rezipienten angepasst werden müssen (18)

Kommunikation

- Kommunikation ist Teil des WA (6)
- aktive Kommunikation (1) (8)
- Dialog (3) (20)
- WA ist nicht unbedingt Hauptziel von Kommunikation (6)
- Kommunikation zwischen verschiedenen Menschen, die Wissen auf unterschiedliche Art austauschen (20)
- nichtverbal, verbal und schriftlich (20)

Nur mit einer für ein Team gültigen Definition von Wissensaustausch ist eine Qualitätsmessung überhaupt und dann auch nur bedingt möglich.

Frage zur Selbstreflexion:
Haben Sie eine festgelegte Definition darüber, was Wissensaustausch in Ihrem Team bedeutet?

Wissensaustausch fördernde Unternehmenskultur

Wie im Kontext der Erwartungen an die Führung, gemeinsame Ziele, Vorgaben und eine Vision vorzugeben, erkenntlich, brauchen manche Menschen die Definition einer Unternehmenskultur und die Kommunikation gemeinsamer Ziele sowie eine Führung mit Visionen und keinen Leader mit rein finanziellen Interessen.

Eine Unternehmenskultur tut gut, die von mehr Gemeinsamkeit und durch die Führung geprägt wird.

Ein Klima, das den natürlichen Austausch innerhalb interkultureller Teams unterstützt, wie in Kapitel 3 beschrieben, ist zusätzlich zu fördern. Letztendlich muss Wissensaustausch ein Ziel in einem Unternehmen sein, wenn es Innovation in den Mittelpunkt seines Effizienzgedankens stellt.

Wissensaustauschprozesse sind in einem strategischen wissensbasierten Unternehmenskontext einzubetten.

Stark ausgeprägte Unternehmenskultur

Sogenannte starke Unternehmenskulturen, definiert nach dem Wirtschaftswissenschaftler Schreyögg, benötigen geringen formalen Regelungsbedarf, verfügen über Möglichkeiten für schnellere Entscheidungsfindung bei weniger Kontrollaufwand und hohe Eigenmotivation mit mehr Teamgeist. Weitere Wirtschaftswissenschaftler beziehen sich auf den Verbreitungsgrad einer Kultur in einer Firma, die im Idealfall vom Handeln entlang gemeinsamer Orientierungsmuster und Werte geleitet ist. Diese sollten mit ihren kulturellen Mustern soweit internalisiert sein, dass sie eine Selbstverständlichkeit sind. Damit ergibt sich die große Frage, inwieweit ein Unternehmen mit schwacher Unternehmenskultur den Wissensaustausch in semivirtuellen Gruppen fördern kann.

Fragen zur Selbstreflexion:
Herrscht in Ihrer Firma ein Selbstverständnis des Handelns mit gemeinsamen Orientierungen?
Würden Sie Ihre Unternehmenskultur als stark ausgeprägt bezeichnen? Und was macht sie stark?

Weniger formale Organisationsstruktur beginnt mit sozialer Interaktion

Kooperationen sind das Resultat einer Investition in eine wissensbasierte Kultur, durch die Mitarbeitende zudem wahrscheinlich ein verbessertes Zugehörigkeitsgefühl und Sicherheit erfahren. Zudem begünstigt ein dynamisches Klima die Beziehungspflege und den sozialen Austausch. Eine weniger formale und eher dezentrale Organisationsstruktur begünstigt soziale Interaktion.

Ein dynamisches Firmenklima wirkt sich positiv auf Austausch aus, weil es Nährboden für Vertrauen ist und Mitarbeitende mehr zu koordinierter Zusammenarbeit anregt.

Eine wenig formale dezentrale Organisationsstruktur funktioniert in semi- oder virtuellen Teams allerdings nur, wenn diese Firmenstruktur auch global besteht. Wenn nicht, entstehen lokale Subgruppenbildungen an anderen Firmenstandorten. Lokal eingeschränkt stark ausgeprägte und gelebte Unternehmenskulturen können die Geschlossenheit von einzelnen Organisationseinheiten fördern und sogar Subkulturen hervorrufen, was gesamtunternehmerisch gesehen zu vermeiden ist.

Großraumbüros

Physische Nähe in gemeinsam erlebten Situationen gelten als optimale Voraussetzung für Austausch von implizitem Wissen, was ein Argument für Großraumbüros ist, und das zeugt von einer Unternehmenskultur, in der Entscheidungen auf Basis des im Vorfeld ausgetauschten Wissens in Anwesenheit aller Mitentscheider bzw. Wissensträger gemeinsam getroffen wird. Diese Präsenznähe kann ergänzende Wirkung für eine soziale Einbettung von Wissensaustausch in reifen internationalen Joint Ventures haben. Diese sind symptomatisch für starke Beziehungen, in denen Vertrauen, gemeinsame Werte und von allen gleich genutzte IT-Systeme einen hohen Stellenwert einnehmen.

Kontrollverlust im virtuellen Raum

Wissen auszutauschen bedeutet, die Kontrolle darüber abzugeben, was mit dem geteilten Wissen passiert. Im virtuellen Kontext steigt das Risiko des Kontrollverlusts wegen schwindender Transparenz über die Verarbeitung des Wissens. Die Faktoren der Kanalreduktion bzw. die Nutzungsmöglichkeiten von weniger rich media in der gesamten Gruppe – jedoch nicht an den jeweiligen Standorten – wirken sich erschwerend aus, das heißt ein zusätzliches Ungleichgewicht auf Kommunikationsebene zwischen Standortkulturen, deren Unternehmenskulturen im Fall eines Mergers eventuell Jahre zuvor unterschiedlich waren. In Subgruppen zerfallende Teams zeigen zwischenmenschliche Konflikte, schlechte Kommunikation und geringen Zusammenhalt.

Frage zur Selbstreflexion:
Gibt es in Ihrem Unternehmen Anzeichen von Subgruppenbildung – und, wenn ja, welche Auswirkungen hat das auf die Effizienz der Aufgabenbewältigung?

Gegenmittel

Eine Vielzahl an Managementaktivitäten sorgt für die Limitierung möglicher Subgruppenbildung in semivirtuellen Gruppen, dazu gehören:

- Aufstellen von Regeln
- Einigung auf gemeinsame Nutzung von Begrifflichkeiten
- Entwicklung von virtuell arbeitenden CoPs
- Gleicher Zugang zu IT-Tools zur Unterstützung interdependenter Arbeit
- Bereitstellung von Möglichkeiten, ein Team intensiv und fokussiert an einer Aufgabe kooperieren zu lassen, sodass implizites Wissen durch vermehrte Kommunikation an die Oberfläche kommt

Konvergenz oder „Cross-Vergenz"

Sogenannte organisationskulturelle Konvergenz (die Reduzierung von organisationskulturellen Unterschieden) oder sogenannte organisationskulturelle „Cross-Vergenz" (die Kreierung einer neuen Unternehmenskultur) haben im Fall von Mergers oder Akquisitionen signifikanten positiven Einfluss auf Wissensaustausch. Der Effekt der „Cross-Vergenz" wirkt sich besonders stark bei Firmenzusammenschlüssen mit nationalkulturellen Unterschieden aus, wie finnische Forscher in einer Studie herausfanden.

Die Kreierung einer neuen Kultur bei hoher Heterogenität hat positive Wirkung bei Mergers und Akquisitionen.

„Cross-Vergenz" bei Firmenkulturunterschieden

Eine neu zu definierende Gruppenkultur mit eigener Identität auf der Organisationsebene fördert den Wissensaustausch vor allem auch zusätzlich, wenn Firmen mit unterschiedlichen Unternehmenskulturen zusammenkommen. „Cross-Vergenz" beeinflusst Wissenstransfer außerdem positiv durch mehr Interdependenz, gegenseitiges Verstehen und gemeinsame Praxis. Die Investition in eine neue Kultur nach einer Akquisition fördert im Fazit also Wissensaustausch. Ein bestimmtes Maß an Abhängigkeit bzw. Interdependenz wirkt sich im semivirtuellen Zusammenhang positiv auf den Zusammenhalt einer Gruppe aus, um standortunabhängig, aber inhaltlich voneinander abhängig mehr Wissen auszutauschen.

Coopetition und Interdependenzen

Wie in vorangegangenen Kapiteln erläutert, wirken sich soziale Beziehungen, Vertrauen und gemeinsame Ziele positiv verstärkend auf Kompetenzen von Gruppen und auf ihre Kooperationen aus. Konkurrierendes Verhalten hingegen entsteht durch wenig Vertrauen und politische Spiele in Unternehmen und wirkt sich negativ auf Kooperation aus. In diesem Zusammenhang ist eine doppelte Aufgabenverteilung auf verschiedene Teams negativ zu bewerten, wie zuvor in Kap. 2 beschrieben. Ein Kampf, um eine Daseinsberechtigung in einer Firma zu bestehen, entsteht bei doppelter Aufgabenverteilung an verschiedenen Standorten, was das Vertrauen erheblich beeinträchtigt und interne Konkurrenz schürt.

Gesundes Maß an Konkurrenz

Trotzdem plädieren Forscher für ein bestimmtes Maß an Konkurrenz, da konkurrierendes Verhalten den Teamgeist anregt und den Wert von Kooperation schließlich erhöht. Manager sollten eine Balance zwischen Kooperation und Konkurrenz finden. Diese Balance findet sich in dem Konzept der „cross-functional coopetition" wieder, das aus zwei Typen besteht, nämlich aus starken und aus schwachen zwischenmenschlichen Bindungen.

Soziologen untersuchten die Stärke schwacher Beziehungen und ihre Bedeutung für individuelle und kollektive Handlungsfähigkeit. Bemerkenswert ist, dass schwache Beziehungen die Brücken sind, von denen die Handlungsfähigkeit von Gemeinschaften entscheidend abhängt. Starke Bindungen zeichnen sich durch regelmäßige intensive Interaktionen aus, während schwache Bindungen für distanzierte und sporadische Interaktion stehen. Ein Firmennetzwerk kann aus beiden Typen bestehen, wobei Netzwerke mit starken Bindungen auf eine solide Vertrauensbasis bauen können.

Starke oder schwache Bindung

Akteure, die in schwachen Beziehungsgeflechten ein Interaktionsvakuum erkennen und überbrücken, können die Kommunikationen anderer durch relative Ungebundenheit sogar kontrollieren. Das bedeutet, je weniger emotional beispielsweise eine Führungsperson an die Menschen in einem internen Firmennetzwerk gebunden ist, desto besser kann diese Führungsperson Mitarbeitende kontrollieren, wenn dies erforderlich scheint.

Interaktions-vakuum überbrücken

Ein weiteres Argument für schwache Beziehungen ist eine Unterdrückung von notwendigen Auseinandersetzungen in sozial eventuell zu kohäsiven Gruppen, wenn es um Lösungsfindungen geht, da zu viel Harmonie bei starken sozialen Bindungen auch für offene Diskussionen hemmend sein kann. In der Organisationspsychologie spricht man bei stark einmütig arbeitenden Teams von der Gefahr des „Groupthink", eines gleichmütigen, gleich gesinnten oder gleich geschalteten Denkens in einer Gruppe, in der Ausreißer wie ungewöhnliche Ideen oder unpopuläre Vorschläge zerrissen werden. Für Innovation wichtige Querdenker haben in Teams oder Gruppen mit Groupthink-Charakter geringe Chancen auf Anerkennung.

Zu viel Harmonie hemmt

Grundsätzlich unterliegen Teams mit Groupthink-Charakter der Illusion der Unverwundbarkeit verbunden mit dem Glauben an eine moralische Überlegenheit der Gruppe. Was für manche als Stärke klingen mag, ist jedoch Gift für Innovation in Form einer Selbstüberschätzung. Wer sich selbst überschätzt, zeigt selten Ambitionen, ganz besonders herausragend zu liefern, da man mit

Symptome des Groupthink

dem Status quo bereits zufrieden ist. Zur Veranschaulichung ist dieses Phänomen wiederholt in jahrelang etablierten politischen Parteien zu erkennen, in denen Neuerungen keine Priorität haben, da sie als nicht notwendig gesehen werden. Ähnliche Zeichen einer Innovationslähmung hatten Konzerne wie Kodak, die das Digitalzeitalter nicht sehen wollten. Eine gewisse Verbohrtheit mit einer Rationalisierung des kollektiven Handelns und einer stereotypen Verzerrung von möglichen Gegnern, die die Ingroup-Idylle stören, sind weitere Anzeichen für innovationsresistentes Verhalten. Als Störenfriede empfundene Querdenker werden als Spinner abgekanzelt und es wird Druck auf sie ausgeübt. Kreative Querdenker-Typen unterliegen in solchen Fällen einem Gesinnungsterror, dem sie naturgemäß entfliehen.

Groupthink ist Gift für Innovation.

Fragen zur Selbstreflexion:

Wie zeigen Sie Ihre Wertschätzung gegenüber Querdenkern?

Was tun Sie gegen Groupthink?

Wie steht es in Ihrem Unternehmen um die Balance zwischen starken und schwachen Bindungen?

Coopetition zwischen Delfin und Hai

Konkurrenz (competition) und Kooperation zusammen, also eine sogenannte Coopetition, sind in heterogenen Gruppen wahrscheinlich, denn die Motivation der Zusammenarbeit einzelner Gruppenmitglieder ist meist unterschiedlicher Genese. Manche Individuen schöpfen ihre Motivation aus dem Interesse für eine Gruppenkohäsion im Sinne des kooperativen Verhaltens. Dieser Teamtypus ist mit der Metapher ‚Delfine' zu beschreiben. Andere Individuen stehen eher in Konkurrenz im Kampf um – wie so häufig – finanzielle Ressourcen für Projekte oder Lösungen bestimmter Ziele für sich selber oder für eine Auswahl von Gruppenmitgliedern; dieser Teamtypus entspricht der Metapher ‚Haie'.

Wenn die Metapher von Haien und Delfinen unter Mitarbeitenden zutrifft, sind das Anzeichen von Coopetition im Teamverbund.

Frage zur Selbstreflexion:
Gibt es in Ihrer Unternehmenskultur Anzeichen für eine Coopetition und durch welche Merkmale äußert sie sich?

Finanzielle Abhängigkeit

Grundsätzlich sind Mitarbeitende abhängig von der finanziellen Lage des Unternehmens, die sie wiederum abhängig macht von ihrer eigenen Jobsituation. Sie haben Interesse daran, die Ressourcen, sprich ihre Jobs, zu sichern und die finanzielle Lage mit zu kontrollieren. Dieses zirkuläre Prinzip ist für interne Kooperationen als positiv zu werten, vorausgesetzt allerdings, dass dieses Prinzip als Teil der Unternehmenskultur klar kommuniziert ist. Sollte dieses Prinzip den Mitarbeitenden nicht ausreichend deutlich gemacht worden sein, droht die Angst vor Jobverlust, wie exemplarisch in Kapitel 2 beschrieben.

Frage zur Selbstreflexion:
Wie abhängig sind Ihre virtuellen Arbeitsgruppen von der finanziellen Lage der Firma? Und wie glücklich sind sie damit? Ist das Prinzip deutlich kommuniziert?

Fragilität und Vertrauen in Firmennetzwerken

Wirtschaftswissenschaftler wie Sydow (2005) plädieren für ausgeprägtes Vertrauen als wichtiges Strukturmerkmal für die Wissensgenerierung in internen Netzwerken. Denn strategische Netzwerke sind ständig in Bewegung, was sie anfällig macht für einen Zerfall. Als Gegenreaktion auf diese Volatilität können sie auch in hierarchischen Beziehungen erstarren. Es sei auch in diesem Kontext auf die hohe Bedeutung von Vertrauen hingewiesen, das sich gewöhnlich sehr langsam durch entsprechende Vorleistungen unter Kollegen entwickelt. Damit sind strategische Netzwerke naturgegeben fragil, da sie sich zusätzlich negativ entwickeln können, wenn beispielsweise aus einer anfänglichen Übereinstimmung der Interessen im Laufe der Zeit Interessensgegensätze entstehen.

Vertrauen in internen Netznetzen ist einer potenziell hohen Volatilität ausgesetzt.

Konkurrenzdruck

Zu Interessensdisparitäten kann ein Konkurrenzdruck zählen, der aufgrund finanziellen Drucks im Unternehmen entsteht. Der Wunsch der Erhaltung von Machtpositionen einzelner Individuen gefährdet dann das Netzwerk und kann starker Störfaktor für das unter Umständen zuvor entwickelte Vertrauen sein. Wie bereits erwähnt, kann Angst vor Jobverlust Auslöser für Konkurrenzverhalten und folglich Machtkämpfe sein und damit als Hindernis für den Vertrauensaufbau in der gesamten Gruppe interpretiert werden.

Frage zur Selbstreflexion:
Ist Konkurrenzverhalten Teil Ihrer Unternehmenskultur? Und, wenn ja, was bewirkt diese Konkurrenz in Bezug auf den Wissensaustausch? Besteht Konkurrenzverhalten auch zwischen verschiedenen Standorten?

Autoritäre Verhaltensweisen in Hierarchiekulturen

Menschen zeigen unterschiedliche Verhaltensweisen und Präferenzen, nach denen sie sich mit unterschiedlichen Parametern motivieren, sich in Gruppen verhalten und Entscheidungen treffen. Man kann davon ausgehen, dass ein Teil von Gruppen autoritätsorientiert gerne Entscheidungen von der Führung entgegennimmt und auch von der Führung klare Entscheidungen erwartet. Menschen dieses Typus sind loyale „Follower" mit Anspruch auf deutlich erkennbare Strukturen in der Kommunikation und hierarchischem Selbstverständnis, durch das ihre Motivation entsteht. Autoritätsorientierte Menschen tendieren zu Machtorientierung. Das bedeutet für Wissensaustausch unter diesen Typen, dass

Wissen als Mittel zur Machtdemonstration wahrgenommen wird. Das heißt, je höher die Hierarchiestufe eines Mitarbeitenden, desto mehr Recht hat er oder sie auf Zugriff auf Wissen. Das wiederum bedeutet:

Autoritär orientierte Menschen teilen ihr Wissen, wenn sie sich davon Aufstiegschancen versprechen.

Gleichberechtigtes Beziehungsverständnis in Konsenskulturen

Andere Gruppenmitglieder mögen ein eher gleichberechtigtes Beziehungsverständnis in Gruppen zeigen, mit dem Anspruch der synchronen Kooperation, der Gleichbehandlung, Konsensentscheidungen, identischem Status für jeden Kollegen und gleicher Verantwortung bei der Übernahme von Aufgaben.

Hindernisfaktor für eine Konsenskultur allerdings ist der Mangel an Konsensentscheidungen, für die häufig aufgrund eines externen Handlungs- und Entscheidungsdrucks durch den globalen Markt die Zeit fehlt.

Geschärfte Wahrnehmung

Diese unterschiedlichen Beziehungsverhaltensweisen sind in Gesamtunternehmen sehr wahrscheinlich und innerhalb einer Gruppe fraglich bzw. zu klären, da potenziell sonst Missverständnisse auftreten. Oft fehlt das Bewusstsein über diese Verhaltenstypen, die sich aber relativ leicht durch genaue Wahrnehmung unterschiedlicher Kommunikationsstile zeigen. Zudem sind unterschiedliche Erwartungshaltungen bestimmten Äußerungen zuordenbar wie:

„Ich muss in meinem Team den Dialog einfordern, um Wissen auszutauschen.“

„Die Hälfte von uns ist passiv im Austausch.“

„Wir haben unterschiedliche Wahrnehmungen in der Definition von Eigeninteresse.“

Für fragile interne Netzwerke mit möglichen Störfaktoren und Unsicherheiten und auch für Teams ist es demnach sinnvoll, die Beziehungstypologien zu untersuchen, um daran angepasst entsprechende Organisationsstrukturen aufsetzen zu können.

Fragen zur Selbstreflexion:
Welcher Verhaltenstypus herrscht in Ihrer Firma oder Ihrem Team vor? Ist Ihr Unternehmen eher hierarchisch oder konsensorientiert organisiert?

Führung von Wissensnetzwerken

Als letzter Aspekt zu Formen der Organisationstruktur sollen Netzwerkstrukturen hinsichtlich der Wissenskommunikation betrachtet werden. Und zwar deswegen, da Netzwerke in den letzten Jahren als Organisationsform insbesondere von virtuell operierenden Start-up-Unternehmen mehr oder weniger gehypt wurden. Allerdings werfen sie lange Schatten auf die Rolle der Führung. Der Bedarf an Führung in strategischen Netzwerken lässt sich nicht so leicht einschätzen. Es geht um einen Spagat, den die Führung machen muss: Einerseits sind aufgrund einer gewissen Teilautonomie von Netzwerken und der Fragilität bzw. relativen Unverbindlichkeit erhebliche Integrationsanstrengungen nötig, die eventuell Unterstützung von der Führung erfordern, andererseits kann es sein, dass keine Führung erwünscht oder erforderlich ist. Die Variablen der Erwartungen von Netzwerkmitgliedern an die Intensität wie auch die Häufigkeit von Führungsmaßnahmen können bei Heterogenität der Gruppe schwanken. Einerseits sollte im Netzwerk eine lokale Wissensgenerierung möglich sein, andererseits sollte diese lokale Wissensproduktion nicht dazu führen, dass die Gesamtunternehmung die strategische Führerschaft einbüßt und damit beispielsweise die Definitionsmacht darüber verliert, was als relevantes Netzwerkwissen zu gelten hat.

Letztendlich trägt in vielen strategischen Netzwerken eine kontrollierte, zugleich aber auch autonome Führung entscheidend zum Netzwerkerfolg bei.

Die Wirtschaftswissenschaftler Sydow & van Well bezeichnen den von ihnen postulierten Stil der „kontrolliert-autonomen" Netzwerkführung als probates, durch eine Studie erprobtes Mittel zur Stimulation der Wissensgenerierung und als Möglichkeit zur Verhinderung eines auf Subsysteme im Netzwerk reduziertes Denken und Handeln.

Wie viel Autonomie darf es sein?

Wie sieht es mit den Bedürfnissen unter Wissensträgern hinsichtlich eher kontrollierter oder eher autonomer Organisationen aus? Je heterogener ein Team, desto diverser zeichnet sich ein Bild der Bedürfnisse hinsichtlich einer Organisationsstruktur ab. Divergierende Auffassungen über eine eher hierarchische oder konsensorientierte Organisationsstruktur und Unternehmenskultur fallen in heterogenen Teams auf. Manche nehmen hierarchische Strukturen als limitierend wahr und favorisieren deshalb eine konsensorientierte Kultur. Diese Konsenskultur kann jedoch wiederum von anderen unterschiedlich bewertet werden, denn Entscheidungen ziehen sich aufgrund des Anspruchs einer Konsensfindung in die Länge, was vermehrten Kommunikationsaustausch erfordert, also mehr Zeitaufwand bedeutet, wie zuvor bereits angesprochen.

Entscheidungsdruck

Eine Organisationskultur kann auch als eine eingeschränkte Konsenskultur gelebt werden. Die Einschränkungen hängen dabei mit häufig bestehendem Entscheidungsdruck im Arbeitsbereich von Teams zusammen. Der leitende IT-Manager eines Konzerns bringt es so auf den Punkt: „Ich muss härter durchgreifen, als ich es möchte, weil wir generell nicht so gut in der Entscheidungsfindung sind. In manchen Situationen ist unsere Konsenskultur hilfreich. In Situationen, in denen wir Druck haben, hilft diese Konsenskultur weniger." (Voigt 2017)

Eine als autonom definierte Konsenskultur eines Netzwerks oder eines Teams kann bei Entscheidungsdruck durch Führung kontrollierter agieren.

Frage zur Selbstreflexion:
Wie sichtbar ist Ihre Führung in Wissensaustauschprozessen und in welchen Situationen wird sie wahrgenommen?

Erwartungen können divergieren

In losen Netzwerken oder autonomen Teamorganisationen wird die Führung oftmals als nicht genügend sichtbar wahrgenommen mit dem Effekt, dass Wissensaustausch auch nicht als Priorität der Führung gesehen wird. Wer mit der Erwartung lebt, dass Führung grundsätzlich mit gutem Vorzeigebeispiel vorangeht, hat hier ein Problem, die eigene Motivation aufrechtzuerhalten. Es ist folglich eine Führung mit Vorgaben und der Kommunikation von Visionen auch in Netzwerkorganisationen ratsam, um Mitarbeitende darin zu bestärken, schneller und eigenverantwortlicher zu handeln, sofern dies ein Ziel der Führung ist.

Eigenverantwortliche Mitgestaltung

Eine Umorientierung der Führung hin zur Rolle der Unterstützung der Mitarbeitenden steht im direkten Zusammenhang mit der Mission oder Vision eines Unternehmens, die jedem einzelnen Mitarbeitenden bewusst sein sollte. Denn diese Vision wird erst dann zu einer lebendigen Kraft, wenn die Menschen aufrichtig überzeugt sind, dass sie ihr tägliches Schaffen selber gestalten können. Viele Mitarbeitende machen jedoch nicht die Erfahrung, dass sie zur Schaffung ihrer Arbeitsweise beitragen, das heißt, sie erkennen dann auch nicht, dass sie ihre Arbeitsweise verändern können. Es geht im Kern um den Anspruch der Eigenverantwortung einzelner Teammitglieder, ihre Kooperation selbst- oder mitzugestalten. Dieser Anspruch ist ein wesentlicher Aspekt der Managementschule nach Senges „Lernender Organisation" der Neunzigerjahre. In einer lernenden Organisation ist es den einzelnen Teams überlassen, in welchem Stil sie ihr Wissen untereinander austauschen.

Die Verantwortung für erfolgreiche Umsetzung liegt damit bei den Teammitgliedern, das heißt, die Führungsrolle ist in ihrer Hierarchiefunktion entkräftet und auf die Definition von Vision und Werten, auf Begleiten oder Coaching und auf unterstützende Funktionen hinsichtlich des Gesamtziels des Unternehmens beschränkt.

Unternehmensziele im Blick

Abgeleitet von den theoretischen Vorstellungen der Vertreter des Organisationskonzepts der lernenden Organisation bedeutet dies für die motivierende Rolle der Führung auch, dass mehr Kommunikation nötig ist, um die Verbindung herzustellen zwischen den unternehmerischen Zielen und den Wissensaustauschprozessen inklusive einer definierten Zielerreichungsmaßgabe für Teams oder Arbeitsgruppen.

Selbstverantwortung Einzelner

Es liegt letztlich in der mehr oder weniger geführten Selbstverantwortung der einzelnen Mitarbeitenden, im eigenen Interesse zu kooperieren und auch über das Wie – ob mehr geplant formal oder spontan informell – zu entscheiden.

„Für Führungspersonen gilt es, die einzelne Person zur Weitergabe und Aufnahme von Wissen bereitzumachen, innerhalb der sozialen Einheiten entsprechende Selbstverständlichkeiten und Normen aufzubauen sowie die umgebende Gesamtorganisation hinsichtlich der harten Faktoren wie Vernetzung und hinsichtlich der weichen Faktoren wie Vertrauenskultur entsprechend im symbolischen Verbund zu gestalten.“ (von Rosenstiel)

Gemeinsame Werte zur Gesamteinbettung!

Eine dezentrale Organisation durch virtuellen Wissensaustausch mit informeller Kommunikationsstruktur fördert den Austausch einzelner Standorte, ohne den Austausch der gesamten Gruppe zu unterstützen. Eine Gesamtgruppeneinbettung erfordert gemeinsame Werte, die zu starken Beziehungen führen, die wiederum Voraussetzung für den Wissensaustausch sind. Diese Struktur muss von der Führung bereitgestellt werden.

TEIL II

Führung ist der Schlüssel

5

Wir fassen zusammen:
Semivirtuellem Wissensaustausch liegt ein verstärkt volatiles Vertrauenskonstrukt zugrunde, da die Variablen, die interpersonelle Vertrauensentwicklung bilden, kontext- und persönlichkeitsgebunden vielfältiger werden. Verstärkt wird diese Volatilität durch vielschichtige funktionsabhängige Kompetenz und durch standortkulturell bedingt vielfältige Vorlieben und Erwartungen und ist damit in Relation zur Situation variierend. Je höher die Vielfalt der persönlichen Vertrauensvariablen ist, desto mehr gewinnt institutionelles Vertrauen in einer Organisation an Stellenwert. Folglich ist es Teil einer Führungsrolle, eine Identität einer Gruppe mitzuprägen (mit transformalem Führungsstil) und eine Unternehmenskultur zu prägen, die zum Vertrauen in eine Institution bzw. Organisation in Form einer Gruppe anreizt. Die Definition der Identität und Kultur der Gruppe ist abhängig von der Entscheidung darüber, ob eine Coopetition innerhalb einer semivirtuellen Gruppe von allen akzeptiert wird, sollten die Rahmenbedingungen bei finanziellem Spardruck potenziell Angst vor einem Jobverlust bedeuten, wie leider so häufig der Fall. Die Akzeptanz einer Coopetition als Arbeitsform ist positiv unterstützt durch Aufgabeninterdependenzen, die unter den Standorten verteilt eine Gruppenkohäsion durch Interdependenz erzeugen.

Was heißt das konkret für die Umsetzung in der Führung? Die folgende To-do-Liste für Management und Führung zeigt 12 Aktionsfelder für eine erfolgreiche Umsetzung auf.

Was zu tun ist – ein 12-Punkte-Programm

Auf der Teamebene

1. Bereiten Sie ein **sicheres Umfeld** mit limitiertem Macht- und Konkurrenzdenken. Das verstärkt in virtuellen Gruppen institutionelles Vertrauen in die Organisation, was zum Wissensaustausch anreizt.

2. Sorgen Sie dafür, dass eine **hohe Aufgabeninterdependenz** in Kombination mit etwas Zeitdruck in Teams besteht. Das fördert Wissensaustausch im semivirtuellen Kontext und entkräftet den Stellenwert von potenziell kompliziertem zwischenmenschlichem Vertrauen.

3. Entwickeln Sie eine deutlich definierte **Organisationskultur,** um eine Subgruppenbildung zu limitieren.

4. Kommunizieren Sie klar, welche **Strukturen, Normen, Inhalte und Kommunikationsregeln** des Wissensaustauschs Sie erwarten. Von der Führung kommunizierte Normen und klare Aufgabendefinitionen können das Defizit von unregelmäßiger Direktkontaktkommunikation in virtuellen Teams ausgleichen.

5. Kommunizieren Sie Ihre **erwarteten Ziele und Visionen**. Das hat positiven Einfluss auf das institutionelle Vertrauen der Gruppenmitglieder in die Organisation der Gruppe und auf das Vertrauen in Ihre Führung. Dieses Vertrauen erzeugt das Gefühl der Sicherheit und hat damit positive Wirkung auf Wissensaustausch.

6. Ihr Führungsstil: **Transformale und transaktionale Führung** wirken sich in Kombination positiv auf ein semivirtuelles Kooperationsklima aus. Situationsbedingt kann sich auch eine Selbstführung in der Organisation einer CoP als günstig erweisen, wenn das konkrete und spezifische Ziel Wissensgenerierung ist.

Mit der Einbettung im Gesamtunternehmen

7. Unterstützen Sie die **Bildung einer Gruppenidentität**, die im Gesamtkontext des Unternehmens eingebettet ist. Denn virtuell Wissen austauschende Teammitglieder brauchen eine konkret vorgegebene Organisationskultur. Zudem verbessert eine Einbettung von Wissensaustausch in die Unternehmenskultur zur Unterstützung der „Psychological Ownership" die intrinsische Motivation für Wissensaustausch. Außerdem entwickeln Teammitglieder, die sich als Teil einer klar definierten Gruppenidentität wahrnehmen, mit hoher Wahrscheinlichkeit Vertrauen füreinander.

8. Wählen Sie zur Verfügung stehende **Kommunikationsmedien** sorgfältig aus. Sie sollten explizit geäußerten Bedürfnissen angepasst ausgewählt werden, um einer potenziellen Entsozialisierung aus der Gruppe gegenzulenken. Denn die lokal leichter realisierbare informelle Direktkontaktkommunikation birgt das Risiko einer potenziellen Subgruppenbildung mit dem Negativeffekt des Konkurrenzdenkens und konkurrierenden Handelns.

9. Kreieren Sie eine **Gesamtgruppenidentität** aller Ihrer virtuellen Teams und gegebenenfalls auch Ihrer Netzwerkorganisation. Da eine dezentrale Organisation mit informeller Kommunikationsstruktur nur den Wissensaustausch einzelner Standorte fördert, ohne den der gesamten Gruppe zu unterstützen, ist zudem eine Gesamtgruppenidentität erforderlich. Diese Gruppenidentität unterstützt den Austausch mit gemeinsamen Werten und hat eine Gegenwirkung zu potenzieller Subgruppenbildung.

10. Identifizieren und unterbreiten Sie **gemeinsame Werte**, um starke Beziehungen mit kooperativem Handeln und Vertrauen herbeizuführen, was wiederum Voraussetzung für den Wissensaustausch unter den verschiedenen Standorten ist.

11. Kommunizieren Sie Ihre Zieldefinitionen, um die Verbindung herzustellen zwischen den **unternehmerischen Zielen** und den Wissensaustauschprozessen der Gruppe inklusive einer explizit vorgegebenen oder gemeinsam definierten Zielerreichungsmaßgabe.

12. Verschaffen Sie sich einen Überblick über die Vielfalt in Ihren Teams und moderieren Sie diese Vielfalt, denn Heterogenität kann sich in Funktionen, Kommunikationspräferenzen und Standortkultur manifestieren und mit einer neu zu definierenden gruppeneigenen Identität und Kultur den Wissensaustausch fördern. Das bedeutet in der Folge erforderlichen Einsatz vonseiten der Führung, um einen Überblick über die Kommunikationswege zu gewinnen um diese moderieren zu können.

Vielfältige Führungsrollen und Aufgaben

Die Liste der 12 Aktionsfelder weist eine hohe Interdependenz der führungsrelevanten Faktoren auf. Für eine Übersicht dient nebenstehende Tabelle mit den Führungsrollen und den damit verbundenen Aufgabenbereichen in Bezug auf die als kritisch identifizierten Aspekte des Wissensaustauschs in semivirtuellen Gruppen. Diese Übersicht fasst zudem die kritischen Aspekte des Wissensaustauschs zusammen, wie in Kap. 2 und 4 ausführlich beschrieben.

Führungsrollen und Aufgaben bei semivirtuellem Wissensaustausch

Kritische Aspekte in semivirtuellen Gruppen	Führungsrolle*	Führungsaufgaben*
Interpersonelles Vertrauen	Entwickelbar durch Verhaltensweisen, die Sicherheit vermitteln und für soziale Integration sorgen Prozedurale Fairness einhalten Motivation erkennen und anerkennen	Vision und Ziele kommunizieren Normen und Erwartungen setzen Kommunikationsstruktur klären Gleichbehandlung aller Gruppenmitglieder Lob aussprechen
Individuelle Kommunikations-präferenzen	Implikationen erkennen, durch Moderation bewusst machen Erwartungen an Führung erkennen	Bei Differenzverwandtschaft eventuelle Sprachunterschiede und Kommunikationspräferenzen bewusst machen
Spezialisierte Funktionen	Entscheiden für Wissens-integration, Wissensgenerierung oder für beide Ziele des WA	Entscheidung vorschlagen, Wissensträger delegieren (siehe Rastermodell, S. 127)
Standortkultur, Kultur und ID der Gruppe, Unternehmenskultur	Kollektive Gruppenkultur mitprägen, Konkurrenzverhalten reduzieren, institutionelles Vertrauen in die Gruppen-organisation schaffen, Priorität des WA demonstrieren	Commitment für Kooperation einfordern, soziale Gruppenidentität erarbeiten, Entscheidungen im Topmanagement kommu-nizieren, Vision vorleben, WA vorleben
Funktionale Interdependenzen	Organisationstruktur der Gruppe prägen	Coopetition identifizieren und über Gewährenlassen entscheiden

* Identifiziert auf Basis der verifizierten Defizite im semivirtuellen WA

Transaktionale Führung für Wissensintegration

In kulturell heterogenen bzw. unternehmenskulturell gemischten Teams oder Projektgruppen ergeben sich unterschiedliche Bedürfnisse auf der Kommunikationsebene und auf der Funktionsebene, wie in Kap. 2 dargestellt. Diese unterschiedlichen Bedürfnisse können durchaus Hinweise für sinnvolle, differenzierte Formen des Wissensaustauschs geben. Diese Unterschiede machen sich durch unterschiedliche Erwartungen bemerkbar und deuten auf einen vermehrten Bedarf an Wissensgenerierung im Sinne der Entstehung und Entwicklung von Wissen (vertikal) oder auf einen intensiveren Bedarf an Wissensintegration (horizontal) im Sinne der Zusammenfügung unterschiedlicher Wissensressourcen hin. Damit ist es auch hier wieder die Rolle der Führung (semi-)virtueller Gruppen, eine standortunabhängige und standortübergreifende Kultur durch die Kommunikation klarer Visionen und Ziele für die Gruppe zu kreieren. Diese Innovationsteams benötigen gegebenenfalls unterschiedliche und zum Teil entgegengesetzte Führungsstile, um sowohl Wissensgenerierung als auch -integration zu erreichen, wie auch von Innovationsforschern wie Hauschildt bestätigt.

Wissen generieren oder integrieren

Entsprechend dieser Unterscheidung von Wissensinhalten sollten Wissensträger in vertikal funktionenspezifischen Arbeitsgruppen organisiert werden, um Wissen tiefer gehend zu generieren, oder in horizontal breiter angelegten Gruppen zusammengesetzt werden, um aus einer Funktionenvielfalt mehr Wissen zu integrieren. Eine Struktur für eine klare Strategie der Gestaltung und der Führungsrolle wird als erforderlich eingestuft. Sie kann wie folgt aussehen:

Wenig Führung bei Wissensgenerierung virtueller Teams

Funktionenspezifisch fokussierter Austausch mit dem Ziel eines vertieften Austauschs zur Wissensgenerierung unter Spezialisten gleicher oder ähnlicher Funktionen wird mit erhöhter Motivation in einem Inhaltsfokus-Netzwerk wie einer CoP ausgetauscht. Das bedeutet eine vornehmlich auf Moderation reduzierte Führungsrolle.

Inhaltlich weniger funktionenfokussierter Austausch mit dem Ziel, aus verschiedenen Wissensquellen differenzierter Funktionen Wissen zu sammeln, um es zu integrieren, wird mit erhöhter Motivation in Gruppen mit einer transaktionalen Führung ausgetauscht. Die Rolle der Führung ist, dem Bedürfnis der Gruppenmitglieder verschiedener Funktionsteams nachzukommen. Erwartungen über die Inhalte des Austauschs sind ganz konkret vorzugeben. Das setzt voraus, dass die Führung die Zusammenhänge der Wissensinhalte aller Funktionsgruppenteams einigermaßen versteht und ein wenig einzuschätzen vermag, um eben diese Vorgaben überhaupt machen zu können und damit einzelne Funktionsträger mit Struktur und Erwartungsvorgaben zu integrieren.

Transaktionale Führung bei Wissensintegration virtueller Teams

Diese transaktionale Führungsrolle erfordert im Fall geografisch verstreuter Teams zusätzlich ein hohes Maß an Wissen über die Funktionen an den einzelnen Standorten sowie eine interkulturell anpassbare Kommunikationsfähigkeit. Das heißt, diese Führungsrolle kann auch zusätzlich als Wissensaktivist oder Wissensagent definiert werden.

Wissensaktivist bei Skandia

Als eins der ersten Paradebeispiele eines CEOs, der die Rolle des Wissensaktivisten bekleidete, gilt Leif Edvinsson. Der Autor zahlreicher Bücher über „Intellectual Capital", also über das Kapital des Wissens, setzte seine Arbeitszeit hauptsächlich daran, zu netzwerken, um Experten aus aller Welt für seine Workshops im „Skandia Future Center" zusammenzubringen. Dies geschah auch virtuell durch Liveschaltungen, sodass alle Geschäftseinheiten am Ideenaustausch teilnahmen. Edvinsson forderte seine Mitarbeitenden im Coachingstil heraus und versicherte, immer ansprechbar zu sein, ob via E-Mail oder Intranet. Der CEO besuchte Konferenzen, die nicht unbedingt das Kerngeschäft von Skandia betrafen, um Ideen von externen Quellen einzuholen, die neue Ideen für die zukünftigen Geschäfte der Firma generieren. Man könnte ihn auch als Wissensnomaden bezeichnen (von Krogh 2000), der drei Rollen als Wissensaktivist einnimmt: Katalysator und Koordinator von Wissensgenerierung und vorausschauender Geschäftsmann.

Für die Personalrekrutierung bzw. das Personalentwicklungsmanagement ist es sinnvoll, ein Profil von sogenannten Wissensagenten oder Wissensaktivisten anzulegen. Wissensagenten und Wissensaktivisten ermöglichen Wissensgenerierung, ähnlich wie sogenannte Change Agents in Unternehmen Veränderungen ermöglichen (Konkretisierungen und Umsetzungshinweise in Kapitel 7).

Rastermodelle zur Umsetzung

Zur Übersicht zwei Umsetzungsraster für a) Wissensintegration und für b) Wissensgenerierung und die jeweilige Rolle der Führung.

Hauptaspekt im Wissensintegrationsmodell sind klare Strukturvorgaben durch eine transaktionale Führung, die unterschiedliche Wissensträger verschiedener Funktionen instruiert, wie sie ihr Wissen untereinander integrieren sollen.

Hauptaspekt im Wissensgenerierungsmodell ist die Selbstführung in CoPs, da es sich als schwierig erweist, Aufgaben zu verteilen, wenn Wissen generiert wird, also erst entstehen soll.

In beiden Rastern wird die transformale Führung hinsichtlich der Kulturdimension der Kommunikation begrenzt empfohlen, da es hier um eine gegenseitige Anpassung oder Annäherung individueller Bedürfnisse geht. Von konkreten Vorgaben für den Führungsstil wird deshalb im Kommunikationsbereich der spontanen bis vorgeplanten Kommunikation abgesehen.

Modellraster a) Wissensintegrierende transaktionale Führung für semivirtuelle Gruppen

Kulturdimension	Bedürfnis	Ziel	Führungsstil
Kommunikation	spontane Kommunikation und vorgeplante Kommunikation	*horizontaler Austausch*	transformal, um zum Austausch zu motivieren
Unternehmen	Zugehörigkeit; Integration in Gruppe	gemeinsame Identität; Gemeinsame Visionen und Ziele	transaktional – Kommunikation von Vision und Zielen
Organisation	strukturelle Vorgaben; Fairness	geografische Distanz überwinden	transaktional – Klarheit über Organisation und Strukturen geben
Funktion	*kommunizierte Erwartungen über Inhalte*	*horizontale Wissenserweiterung durch verschiedene Funktionsträger*	*transaktional – um einzelne Funktionsträger per Struktur und Erwartungsvorgaben zu integrieren*

Modellraster b) Wissensgenerierende Selbstführung bei semivirtuellen Gruppen

Kulturdimension	Bedürfnis	Ziel	Führungsstil
Kommunikation	spontane Kommunikation und vorgeplante Kommunikation	*vertikaler Austausch*	transformal, um zum Austausch zu motivieren
Unternehmen	Zugehörigkeit; Integration in Gruppe	gemeinsame Identität; Gemeinsame Visionen und Ziele	transaktional – Kommunikation von Vision und Zielen
Organisation	strukturelle Vorgaben; Fairness	geographische Distanz überwinden	transaktional - Klarheit über Organisation und Strukturen geben
Funktion	*inhaltlicher Fokus innerhalb einer Funktionsgruppe*	*vertikale Wissensvertiefung und Fokussierung mit Funktionsträgern verschiedener Standorte*	*Selbstführung in CoPs*

Als Ansatz gilt hier primär die Orientierung an den identifizierten Bedürfnissen von Gruppenmitgliedern bzw. „Followern". Diese Bedürfnisse sind den Kulturdimensionen Kommunikation, Unternehmen, Organisation und Funktion (Spalte 1) zugeordnet. Die Ziele (Spalte 3) stehen analog zu den Bedürfnissen innerhalb der jeweiligen Kulturdimensionen. Auf Grundlage dieser drei Säulen (Kulturdimension, Bedürfnis, Ziel) ist die jeweilige Führungsrolle mit dem passenden Führungsstil abgeleitet.

Zur besseren Orientierung über die Unterschiede der beiden Raster sind die Differenzen in Kursivschrift hervorgehoben. Diese zeigen eine deutliche Abhängigkeit von der Funktionenkultur.

Moderatorenfunktion für Wissensgenerierung in Communities of Practice

Ein Bedarf an funktionenorientierter und funktionenrelevanter sogenannter vertikaler Wissensgenerierung erfordert gegenseitiges Verstehen des Vokabulars des Inhalts, was eventuell nicht immer selbstverständlich ist. Die Lösung für eine Art Übersetzung von Fachausdrücken oder Gedankenkonstrukten könnte ein Moderator mit einer funktionsentfernteren Perspektive aus dem Unternehmen sein, der oder die zudem im Fall von weltweit verstreuten Standorten und damit unterschiedlichen Standortkulturen mit eigenen Sprachen zusätzlich interkulturell versiert ist.

Fall eines globalen IT-Teams

Mit einem ähnlichen Ansatz ging die globale IT-Abteilung einer Versicherungsgruppe an diese Herausforderung, die vor ihrer strukturellen IT-Transformation einen hierarchisch orientierten Chef hatte, dessen Aufgabenbereich zu breit aufgestellt war, sodass er nicht viel von den Wissensinhalten seiner Teammitglieder verstand und so auch nicht sein Team gezielt motivieren konnte, gewünschte Inhalte einzufordern. Das alte Team war sozusagen geleitet von einem Nichtwissenden, was zur Starre im Wissensaustausch führte.

Mit dieser Erkenntnis organisierte sich das Team völlig neu um in miteinander vernetzte CoPs. Damit wurde auch der Kreis der Experten erweitert. Mit der Möglichkeit, IT-Themen innerhalb verschiedener CoPs fokussierter mit einer freiwilligen Gruppe anzugehen, wurden alle einzelnen IT-Manager des ganzen Konzerns befähigt, die eigenen Werte ihres Wissens gezielter an die relevanten Kollegen weiterzugeben.

Dadurch, dass sie nun in kleineren, aber mehr Einheiten wie CoPs arbeiten, erkennen sie gegenseitig ihren Wert viel besser, und das motiviert in der Folge, sich noch mehr auszutauschen. Diese gegenseitige Wertschätzung generiert mehr Wissensaustausch und braucht dann keine Führung mehr. Wissensaustausch wird damit zu einem freiwilligen Akt, über den jeder selbst entscheidet. Diese CoPs sind frei von hierarchischen Strukturen, es ist also egal, wie viele Manager aus der Top- oder Mittelebene in einer CoP vertreten sind, die Relevanz gilt einzig der sogenannten „value proposition", dem Wert, den jeder mit seinem Expertentum zielführend einbringt. Auf diese Weise entstehen keine gegenseitigen Erwartungen, aber dafür ist die Bereitschaft Voraussetzung. Das Risiko der Missverständnisse oder des Nichtverstehens ist bei fokussierten CoPs gering, da jede CoP ihre eigene Funktionssprache hat. Und damit ist das Resultat eine gesteigerte Effizienz in der Wissensgenerierung, sowohl hinsichtlich der Qualität des Kommunikationsaustausches als auch in der Zeiteffizienz. Denn jede CoP hat ihren eigenen Fokus. Zum Teil brauchen CoPs im IT-Bereich keinen Moderatoren. Die bereits existierende Matrixorganisation in dem Fall des globalen IT-Teams wurde beibehalten und die CoPs quasi darübergelegt.

Gegenseitige Wertschätzung generiert mehr Wissensaustausch und braucht keine Führung mehr.

6 Best-Practice-Beispiele für Innovation mit interkulturellen Teams

Die Fülle an zu beachtenden Managementaspekten, wie in den vorangegangenen Kapiteln ausführlich beschrieben, wird nun mit real umgesetzten Beispielen aus der deutschen und der Schweizer Wirtschaft sowie aus Großbritannien durch Interviews mit Geschäftsführenden, Projektverantwortlichen, Personalmanagerinnen und Kommunikationsexpertinnen klar fassbar gemacht und soll als Inspiration für eine eigene Umsetzung dienen.

Die „klassenlose Organisationskultur" der Phonak AG

Wissensgenerierung zwischen kreativem Chaos und transaktionaler Führung

Der heute global bekannte Hersteller von Hörsystemen, die Sonova Gruppe, zählt zu den drei weltweit größten Anbietern seiner Branche mit einem Jahresumsatz (2017) von 2,4 Milliarden Schweizer Franken. Der Hersteller startete 1965 in der Nähe von Zürich mit dem Firmennamen Phonak AG. Bereits 30 Jahre nach Gründung hatte Phonak mehr als 1000 Angestellte aus über 30 Ländern, von denen weniger als die Hälfte am Hauptsitz in der Schweiz tätig waren. Allein der Jahresumsatz verzeichnete von 1998 auf 1999 einen Zuwachs um 18 Prozent – das Nettoeinkommen nahm in derselben Zeitspanne um fast 30 Prozent zu. 10 Prozent der Jahresumsätze fließen in die kontinuierliche Forschung und Entwicklung. Innovation nahm von Beginn an einen hohen Stellenwert ein. Andy Rihs

(†2018) war von 1992 bis 2000 der Konzernchef (CEO) und zur Zeit des Gesprächs mit der Autorin 2007 Verwaltungsratspräsident bzw. Aufsichtsratsvorsitzender der Phonak. Hier Auszüge aus einer persönlichen Unterhaltung über die entscheidende Innovationsphase des Unternehmens:

Welche Herausforderungen haben Wissensträger speziell bei einem Hersteller von Hörgeräten bzw. Hörsystemen?
Die Entwicklung von Hörgeräten bringt Interdisziplinen aus der Mikroelektronik, Feinmechanik, Medizin, Akustik, Psychoakustik, Physik und Psychologie zusammen. Diese Kombination an Wissen ist so einzigartig für die Branche, dass wir von Beginn an gezwungen waren, unabhängige eigene Lösungen zu finden und alles selber inhouse zu entwickeln und zu produzieren.

Was haben Sie als ehemaliger CEO richtig gemacht, dass Phonak serienweise immer wieder erfolgreiche neue Produkte auf den Markt brachte? – Das heißt ja, dass Ihre interdisziplinären Wissensträger irgendwie gemanagt wurden, oder?
Irgendwie ist irgendwie zutreffend ... Fange ich mal bei unserer Unternehmenskultur an. Wir haben zum Beispiel keine Wissensbarrieren unter den Mitarbeitenden, egal welcher Funktion sie angehören oder egal welcher Hierarchiestufe sie sind. Wir sind so etwas wie eine klassenlose Gesellschaft, in der alle miteinander rege kommunizieren und – auch nicht ganz unwichtig – sich gegenseitig aufmerksam zuhören, und auch das auf allen Levels.

Aber sprechen denn die Experten ihrer Felder im Haus nicht eine eigene Funktionssprache, die nicht jeder unbedingt schnell versteht? Wie lösen Sie das?
In der Stunde Null, als ich als Marketingexperte damals mit einem Ingenieur die Firma begann, nahmen wir uns Zeit, unsere unterschiedlichen Gedanken zu verstehen und miteinander weiterzuführen. Mir war von Anfang an klar: Wir mussten uns ständig austauschen. Es ging immer schon um das mögliche Produkt, nur haben wir es von verschiedenen Seiten diskutiert: von der technischen Position aus und von der Marketingseite. Diese

Grundhaltung macht beide Ansätze gleichwertig und vor allem machen sie nur gemeinsam Sinn. Und genau mit dieser Grundhaltung führten wir die Unternehmenskultur ein. Wir haben wenige Managementstufen, seit Beginn haben wir unter den Ingenieuren keine Senior- oder Juniorpositionen. Mitarbeitende werden honoriert wegen ihrer Ideen und nicht nach Senioritätsprinzip. Die Kommunikation im Wissensaustausch ist sehr direkt, offen, schnell und intensiv zugleich. Wichtig dabei ist natürlich der Faktor Zeit – die müssen sie sich nehmen, dann verstehen sie auch die verschiedenen Denkansätze.

Phonak beschäftigte bereits in den 90ern Mitarbeitende aus über 30 Ländern, zu der Zeit sprach man noch nicht besonders häufig von interkulturellen Kommunikationsformen ...
... wir haben eine Regel, und die lautet, wir sind politisch neutraler Boden, und jeder Mitarbeitende ist ein geschätzter Kollege oder Kollegin, unabhängig von Hautfarbe, Religion oder Herkunft. Es ist doch ganz einfach: Bei Phonak haben wir kein „wir und die anderen“, sondern ein „wir alle gemeinsam“ und mit diesem Nationalitätenmix haben Sie dann auch nicht das Problem von möglicher Subgruppenbildung. Die verbindende Identität sind die Marke Phonak und unsere Produkte, hinter denen wirklich alle gemeinsam stehen. Da wird die Frage nach kulturellen Unterschieden im Wissensaustausch egal. Der ultimative Zusammenhalt und Glaube an die Produkte versetzt die Unterschiede, die nebenbei nochmals bemerkt vorteilhaft sind, wenn es um Diversität des Denkens geht.

Dann müssen Ihre Teams nicht mehr durch Führung für Wissensaustausch motiviert werden ...
... nicht ganz. Es ist wahnsinnig wichtig, Mitarbeitenden das Gefühl der Freiheit im Denken zu geben. Fehler vor der Produktion zu machen, ist in Ordnung, weil diese unsere Endprodukte besser machen. Manager laufen nicht den ganzen Tag kontrollierend durch das Gebäude, sie sorgen aber dafür, dass sie in Mitarbeitenden das Feuer für unternehmerisches Denken entfachen. Experimentieren ist Teil des Commitments, und unkonventionelles

Denken führt letztendlich zu den innovativeren Ideen. Im Gegenzug erwartet das Management den vollen Einsatz besonders von den wichtigen Wissensträgern, ohne die Phonak nicht so erfolgreich wäre. Aber genauso wichtig ist das interne Feedback eines Löters, der oder die beim Zusammensetzen eines neuen Produkts bereits mögliche Verbesserungsvorschläge zur Handhabung eines Geräts geben kann. Somit nutzen wir das Wissen aller Mitarbeitenden, und diese Feedbacks wiederum motivieren, mit offener Kommunikation weiterzuarbeiten und sich immer wieder auszutauschen. Das ist Wertschätzung in purster Form. Voraussetzung für dieses Commitment ist eine frühe Einbeziehung wirklich aller Mitarbeitenden bereits in der Entwicklungsphase eines Produktes, sodass man sich mitverantwortlich fühlt.

„Voraussetzung für dieses Commitment ist eine frühe Einbeziehung wirklich aller Mitarbeitenden bereits in der Entwicklungsphase eines Produktes, sodass man sich mitverantwortlich fühlt."

Planen Sie diesen Austausch von Erfahrungen?
In den späteren Phasen vor der Herstellung haben wir wöchentliche durchstrukturierte Meetings mit interdisziplinären Teilnehmenden, für die Qualitätssicherung und um marketing- und finanzrelevante Entscheidungen zu treffen. Ziele werden konkret gesetzt, der Zeitdruck steigt mit der Markteinführung. Hier geht es nicht mehr um Wissensgenerierung.

In der Phase davor, also in der späten Produktentwicklung, haben wir eine Mischung von durchgetakteten Meetings zwischen Ingenieuren, Produktdesignern und Marketing, denn zu dem Zeitpunkt machen wir uns auch schon Gedanken über die unterschiedlichen Standards in den verschiedenen Märkten, es muss dementsprechend viel koordiniert werden, und das ist zeitintensiv. Parallel dazu finden aber selbstverständlich auch informelle Treffen zwischen einzelnen Experten statt, wenn es um Fachdetails geht.

Die erste kreative Phase allerdings ist gewünschtes Chaos, das von spontaner Kommunikation lebt. Das Phonak-Gebäude ist frei von Wänden, das bedeutet, alle können sich jederzeit wahrnehmen und austauschen. Das haben wir bewusst mit diesem Anliegen des freien Austauschs so gestaltet. Auch die Topmanager haben keinen eigenen Bereich, sie sitzen im unteren Stockwerk, sodass sie jederzeit sichtbar und ansprechbar sind.

Für eine optimale Wissensintegration in der innovativen Phase der frühen Produktentwicklung arbeiten beispielsweise Recherche, Systemdesign, Produktentwicklung, Elektroakustik und IT-Experten auf dem gleichen Stockwerk. Je nach Produkttyp und dessen Entwicklungsphase sitzen die jeweiligen Experten dann in einer anderen Formation auf einem anderen Stockwerk, je nach Bedarf. Das halten wir flexibel und pragmatisch.

Und wie integrieren Sie das Wissen der anderen Standorte weltweit?
Egal wie sehr wir weiterwachsen, im Mittelpunkt allen Schaffens stehen kontinuierlich innovative Produktentwicklungen, und mit den Spezialisierungen schaffen wir neue Spin-offs, damit diese unabhängig entwickeln können, Beispiel: Phonak Communications haben wir Anfang der 90er gestartet, um den Mitarbeitenden im Bereich der Kommunikationstechnologie eine eigene Identität und eine gewisse Unabhängigkeit von anderen Prioritäten der Phonak zu geben, und auch dieser strategische Zweig funktioniert wie alle anderen auch virtuell mit dem uneingeschränkten Glauben an das Produkt.

Beschreiben Sie Ihre Organisationsstruktur.
Wir sind nach strategischen Kriterien und nach operativem Geschäft organisiert. Im Rahmen der Phonak Holding agieren das Topmanagement und einzelne Funktionen mit der Verantwortung des strategischen Marketings für weltweite Verkaufsnetzwerke und Finanzierung der weitweiten Standorte. Die operativen Aktivitäten sind jeweils unter dem Dach der Phonak AG und der Phonak Communications AG, die beide der Holding angehören.

Hier sind Produktentwicklung, Herstellung, Logistik und Verkauf untergebracht. Einer der großen Vorteile des Aufbrechens in diese unabhängigen AGs ist die Übersicht und die damit vereinfachte virtuelle Führung. Geografische Grenzen verschwimmen in einer übersichtlichen fokussierten Geschäftseinheit, in der Wissen mit gezieltem Zweck generiert wird.

Zugleich werden dabei länderspezifische Aspekte zum Wohle der gesamten Organisation gefördert. In Brasilien ist der Bereich Public Relations beispielsweise stark ausgeprägt, und in der Schweiz und in Deutschland sind die Entwickler besonders stark in Präzisionsarbeit – beide Regionen können also voneinander lernen. Diese Regionalisierung mit ihren jeweiligen Stärken trägt in einer übersichtlichen Organisation wie z. B. der Phonak AG zur überregionalen virtuellen Integration bei.

Digitale cross-funktionale Projekte:

Alternierende Führung für freiwilligen Wissensaustausch bei einem Pharmaspezialisten

Ideen werden bei einem der weltweit größten Pharmaunternehmen funktionenübergreifend generiert. Das globale Pharmaunternehmen mit Hauptsitz in Dänemark ist führend in der Diabetesversorgung. Sich so langfristig in der ersten Liga als Spezialist weltweit zu halten, bedeutet, innovativ zu bleiben. Das Unternehmen wächst seit seiner Gründung vor fast 100 Jahren kontinuierlich und ohne Übernahme oder Merger, das heißt, es ist gezwungen, sich regelmäßig immer wieder von innen mit den eigenen Ressourcen zu erneuern, um die Nummer Eins im Sektor zu bleiben. In einem Interview erläutert die Vizepräsidentin für IT für die Region Europa, wie das Unternehmen seine kreative Grundhaltung entwickelt und bewahrt.

Welche Organisationsstruktur hat der Konzern?
Wir haben in vielerlei Hinsicht eine Matrixorganisation mit verschiedenen Leadership-Gruppen entlang der Funktionsbereiche in allen Regionen der Welt.

Wie behalten Sie in einer so komplexen Matrixorganisation die Übersicht über das Wissen in der Firma?
Im Herbst 2017 lancierten wir ein Projekt, in dem zum Beispiel die Marketingabteilungen der europäischen Standorte mit den europäischen IT-Abteilungen gezielt kooperieren sollen. Das gestaltete sich zu Anfang nicht so leicht, aber mit unseren jahrelangen Erfahrungen mit diversen Projekten begannen wir wie sonst auch im kleinen Umfang; also zunächst nur mit einer kleinen Gruppe, die über drei Jahre graduell erweitert wird. Mit diesem Wissensmanagementprojekt fordern wir Kollegen und Kolleginnen auf, ihr Wissen und ihre Ideen zu teilen, was für einige ein Risiko darstellt, da es hierarchieübergreifend geschieht.

Worin liegt das Risiko, Wissen zu teilen?
Die potenziell innovativen Ideen sollen vor allem von der Basis nach oben kommen, und wenn die Mitarbeitenden an der Basis mit der direkten Kundennähe verstärkt ihre Ideen auf Grundlage ihres Wissens hierarchiefrei teilen sollen, dann müssen sie sich erst mal daran gewöhnen. Das klingt wie ein Widerspruch, hierarchieunabhängig von der Basis nach oben zu teilen. Die dahinterliegende Strategie lautet „Innovation durch Kooperation". Menschen müssen vor allem ermutigt werden, diesem Projekt aktiv beizutreten, wir können niemanden zur Kooperation zwingen, wenn es um Ideenaustausch geht.

„Die Strategie lautet ‚Innovation durch Kooperation'. Menschen müssen vor allem ermutigt werden, diesem Projekt aktiv beizutreten, wir können niemanden zur Kooperation zwingen, wenn es um Ideenaustausch geht."

Was ist das übergeordnete Ziel dieses Wissensaustauschprojekts?
Die Abläufe zwischen den verschiedenen Funktionsträgern zu vereinfachen und unsere Marktanteile weiter zu erhöhen, deshalb sind die Marketing- und Verkaufskollegen besonders zur Kooperation mit den Kollegen aus der IT aufgefordert. Unsere

Unternehmenskultur ist zwar schon geprägt von Kooperation, aber mit den Regionen müssen sich virtuell einzelne Funktionsträger aus dem Verkauf und dem Marketing vermehrt vertikal und horizontal im Sinne der Matrixorganisation austauschen.

Haben Sie einen bestimmten Führungsstil, um diesen Wissensaustausch in Gang zu bringen?
Wir haben verschiedene Leadershipgruppen aus dem Verkauf und Marketing, die mit ihren Führungsrollen rotieren. Dadurch entsteht eine Gleichbehandlung und Fairness in der Interessengewichtung. Wir haben zudem pro Region fünf „sponsor group"-Verantwortliche, die die Aufgabe haben, die Barrieren im Projekt, soweit es geht, zu beseitigen und als Change Agents den Weg zum freien cross-funktionalen Ideenaustausch zu ebnen. In diesen „sponsor groups" sind erfahrene Projektmanager, Finanzexperten, IT-Experten, Marketingexperten und individuell sich angesprochen fühlende Kollegen aus einem weiteren Funktionsbereich.

Wie lösen Sie die virtuelle Herausforderung, und wie entsteht virtuell Vertrauen zueinander?
Der Kick-off des Projekts geschah während eines europäischen Leadershiptreffens in Paris. Wir diskutierten darüber, wie viel Kontrolle die Führung über die Austauschprozesse halten sollte, denn viele würden diese Kontrolle sicher als hinderlich empfinden. Es ist wichtig, dass Leute intensiv Argumente austauschen, ob nun auf diesem Leadershiptreffen oder als Ideengenerator innerhalb des Projektes.

Unregelmäßig stattfindende einzelne Skypetreffen tragen leider nicht sehr viel zum Alignment diverser Funktionsgruppen oder zu deren Vertrauensaufbau bei. Regelmäßig durchgeführte Skypetreffen mit Video allerdings fördern Vertrauensbildung der Wissensträger untereinander, egal wo sie sitzen.

Geben Sie irgendwelche Anreize zum Wissens- und Ideenaustausch?
Ja, wir haben einen sogenannten internen „Inno-Wettbewerb" auf unserer Nosco Plattform, das ist eine soziale Plattform für die Generierung von Ideen für mehr Innovation, die übrigens auch von Volvo und Heineken genutzt wird. Nutzer können Ideen verfolgen und mit „like" markieren. Wir haben auf dieser Plattform inzwischen 300 interne Ideen zu verzeichnen. Die fünf Ideen mit den meisten „likes" werden dann als Gewinner gekürt, und deren Ideengeber bekommen intern Ruhm und Ehre – und nicht zuletzt natürlich auch die verbesserte Chance auf eine persönliche Karriereentwicklung.

Haben Sie interkulturell bedingte Herausforderungen in Ihrem Unternehmen, was den Wissensaustausch betrifft?
Nein, das sehe ich nicht, es ist einfach nur wichtig, dass sich die Wissensträger wirklich regelmäßig und mit Video virtuell austauschen.

Transformierte Unternehmenskultur als Baustein für globale Innovationskraft

Diversityprogramme können im großen Stil die Unternehmenskultur von globalen Konzernen transformieren und einen Tanker auf wettbewerbsfähigeren digitalen Kurs bringen. Wie die CEO von Lloyds of London, Dame Inga Beale, innerhalb von vier Jahren ihren verkrusteten Konzern strategisch erfolgreich umstrukturierte, mit diversifizierten Teams und effektiver digitaler Kommunikation, erläutert sie im Interview.

In welchem Zustand war die Lloyds Versicherungsgruppe, als Sie im Januar 2014 den Posten als erste weibliche CEO der Lloyds of London übernahmen?
Ich war erstaunt, wie viele Prozesse noch auf dem Papierweg abgearbeitet wurden. Es schien, als ob jeder Mitarbeitende noch

wie in alten Zeiten hinter Stapeln von Papier säße und wie ein Beamter vor sich hin arbeite. Es gab kaum eine Vernetzung untereinander. Von einer digitalen Vernetzung waren wir vor fünf Jahren weit entfernt.

Was taten Sie als Erstes für eine Transformation?
Wir setzten ein Zweistufenprogramm auf und starteten 2014 mit einem Fünfjahresprogramm, um die Effizienz auf der operationalen Ebene zu verbessern. Dieses Change-Programm betrifft 34.000 Mitarbeitende auf dem Versicherungsmarkt. Dann begannen wir 2016 mit einem zusätzlichen internen Executive-Programm, um die Unternehmenskultur über 18 Monate zu transformieren.

Wie kann man sich dieses interne Executive-Transformationsprogramm vorstellen?
Primär geht es um eine grundlegende Kulturveränderung hin zu der Grundeinstellung jedes einzelnen Mitarbeitenden, dass unsere Firmenkultur in der Zukunft für kontinuierliche Verbesserung und Veränderung steht. Das heißt, dass dieser „mindset" der kontinuierlichen Veränderung von innen heraus und freiwillig entsteht, allerdings mit der Unterstützung von Change Agents aus dem mittleren Management. Diese interne Haltung, sich selber mehr mit Guidelines zu führen, war bis dahin weitgehend unbekannt bei Lloyds, ich fand damals eine vielmehr reaktive Kultur in der Belegschaft vor, in der die meisten das Gefühl hatten, ein automatisches Recht auf ihren Job zu haben, ohne dafür kreativ sein zu müssen – im Grunde hatte das Unternehmen eine Kultur des Beamtentums.

Mit welchen Mitteln haben Sie diesen Change-Prozess eingeleitet?
Die natürlichen Abgänge haben wir bewusst mit mehr Diversität besetzt, also mit Menschen unterschiedlicher Herkunft, unterschiedlichen Alters und unterschiedlichen Erfahrungen aus der Branche. Und ganz besonders liegt mir persönlich am Herzen, in fünf Jahren endlich eine Gleichstellung von mindestens 40 % Männern und 40 % Frauen in unseren Seniormanagement-

Positionen in diesem Konzern zu erreichen. Und zudem ist es auch ganz egal, welcher sexueller Orientierung unsere Mitarbeitenden sind. Meine Definition dieser Diversität verlaute ich regelmäßig auf unserer Website, in Sitzungen und auch auf öffentlichen Plattformen wie in den Medien und auf Paneldiskussionen. Lloyds hat nun neu eine „Diversity and Inclusion Charter", um damit das Commitment für mehr Diversität und Inklusion in Organisationen zu demonstrieren. Die Unterzeichner dieser Charter verbürgen sich dafür, unser Diversityprogramm mitzugestalten und diese Entwicklungen proaktiv mitzutragen. Sie stehen dafür ein, dass Diversität in Teams und die Inklusion aller Mitarbeitenden die finanzielle und operationale Effizienz des Konzerns steigert. Das Ziel dieser Charter ist deshalb, dass alle Mitarbeitenden unterzeichnen. Schließlich steht Diversität für Veränderung und fordert konstant Normen heraus, was zu Innovation führt; es geht bei diesem Prozess um eine unvoreingenommene, wertefreie Herausforderung.

„Diversität steht für Veränderung und fordert konstant Normen heraus, was zu Innovation führt; es geht bei diesem Prozess um eine unvoreingenommene, wertefreie Herausforderung."

Wie verbreitet ist Ihr Diversitypprogramm intern angenommen?
Gleich zu Beginn unterzeichneten 25 %, jetzt sind es ca. 75 %. Besonders positiv wird unsere hohe Diversität in der sexuellen Orientierung unserer Belegschaft von den homosexuellen Männern und Frauen gewertet. Dass wir uns auch zunehmend um mentale Gesundheitsprobleme aufgrund von Stress, Alter oder Altersversorgung in den Familien kümmern, wird ebenfalls honoriert. Wir müssen uns in der Finanzbranche darüber bewusster werden, dass besonders Männer unter 49 Jahren zunehmend selbstmordgefährdet sind, das sagen die Zahlen in der Statistik aus. Also sorgen wir uns und tun etwas für die Unterstützung von potenziell Gefährdeten.

Sind Stresserscheinungen nicht auch ein Indiz für ständig steigenden Druck auf dem Markt?
Das ist richtig. Wir müssen mehr erwirtschaften mit weniger finanziellen Ressourcen. 2017 verzeichneten wir marktkonform keine Profitsteigerung. Das heißt, wir müssen mehr neue Ideen in Form von innovativen Leistungsprodukten schöpfen, und diese Ideen kommen aus dem mittleren Management, und das ohne bürokratische hierarchische Wege, sondern wie gesagt im Rahmen einer Kultur der Veränderung mit dem Mindset freiwillig, mit der Bereitschaft, von innen heraus Leistungen verbessern zu wollen.

Wie tauschen Mitarbeitende des mittleren Managements ihre Ideen aus?
Zunächst haben wir Sharepoints für den transparenten Austausch von Information und Wissen aller. Wir haben das System persönlicher Ordner oder Verzeichnisse vollkommen abgeschafft und sind somit in der digitalen Transformation gut vorangekommen. Dokumente, Tabellenkalkulationen oder Exceltabellen sind nach Interessengruppen frei einsehbar und der Status immer aktuell sichtbar. 2017 haben wir die Sharing-App Yammer eingeführt, die wir intern global als kooperatives Sozialmedium einsetzen, aber auch für den Austausch innovativer Ideen, denn die entstehen ja oft auf der zwischenmenschlichen sozialen Ebene. Dafür brauchen wir keinen Contentmanager, der oder die Inhalte evaluiert; vielmehr ist wesentlich, dass Einträge nicht anonym sein können.

„2017 haben wir die Sharing-App Yammer eingeführt, die wir intern global als kooperatives Sozialmedium einsetzen, aber auch für den Austausch innovativer Ideen, denn die entstehen ja oft auf der zwischenmenschlichen sozialen Ebene. Dafür brauchen wir keinen Contentmanager, der oder die Inhalte evaluiert; vielmehr ist wesentlich, dass Einträge nicht anonym sein können."

Wie viele Mitarbeitende nutzen Yammer?
Es funktioniert nach den Prinzipien des Tweeting. Das bedeutet, dass manche dreimal nachdenken, bevor sie etwas posten. Wir haben jetzt sogenannte „Yammambassadors", also so etwas wie Missionare, um die Nutzung dieses Tools für Wissensaustausch zu fördern. In meinen „townhall"-Meetings an die gesamte Belegschaft vor Ort am Hauptsitz in London ermutige ich zudem alle, sich persönlich besonders mit den Kollegen und Kolleginnen aus dem mittleren Management auszutauschen.

Das funktioniert aber nur, wenn intern eine stabile Vertrauensbasis auf allen Ebenen besteht …
Das ist ein wichtiger, sensibler Punkt, insbesondere da wir 2016 Entlassungen von 10% aussprechen mussten und das mittlere Management diese Entscheidungen immer mittragen muss. Deshalb haben wir eine „Employee Engagement Group" eingerichtet, die wie ein Gewerkschaftssystem fungiert und von Executives des Mittelmanagements getragen wird. In dieser Gruppe sind auch Gruppen mit diversen anderen Interessen vertreten, es ist als offenes Plenum zu verstehen. Meinerseits versuche ich mit „ask me anything sessions" als CEO Vertrauen zu schaffen und Menschen zu ermutigen, auf mich zuzukommen, und das eben nicht anonym, sodass ich auf die Belange reagieren kann.

Wie bezeichnen Sie den neuen Spirit von Lloyds?
Die gleiche Frage hat mir schon einer unserer bekannten TV-Produzenten in London gestellt … Der Geist der Menschen steht im Mittelpunkt … vielleicht passt die Bezeichnung ‚enabling human progress', also ‚menschlichen Fortschritt ermöglichen'. Wir waren die Ersten auf dem Versicherungsmarkt, die Versicherungen für digitale Risiken anboten. Gleichzeitig dürfen wir aber nicht ignorieren, dass es auch Menschen gibt, die lieber mit Papier und E-Mail arbeiten, und das ist altersunabhängig. Es gibt durchaus junge Kollegen und Kolleginnen, die weder Facebook noch Twitter noch Yammer nutzen wollen. Bedürfnisse sind bei hoher Diversität divers, und diese zu beachten und zu respektieren, ist die wahre Herausforderung in der Führung.

„Bedürfnisse sind bei hoher Diversität divers, und diese zu beachten und zu respektieren, ist die wahre Herausforderung in der Führung."

Zur Person:
Dame Inga Beale (Jahrgang 1963) hat einen britischen Vater und eine norwegische Mutter. Bevor sie im Januar 2014 CEO von Lloyd's wurde, war sie Group Chief Executive von Canopius, einem Verwaltungsarm des Konsortiums von Lloyd's. Davor war sie Global Chief Underwriting Officer der Zurich Versicherungen und Group CEO der Converium Ltd, einer unabhängigen Schweizer Rückversicherung, deren Geschäfte sie sanierte, bevor sie das Unternehmen an den französischen Rückversicherer SCOR verkaufte. Inga Beale ist die erste weibliche CEO in der Geschichte der 330 Jahre alten britischen Versicherungsbranche.

Faktor Mensch in der Innovationsstrategie

Beispiel: Der Faktor Mensch in der interkulturellen und interdisziplinären Wissensgenerierung

Der Kunststofffolien- und Kunststoffprodukteehersteller Renolit ist mit mehr als 30 Standorten auf vier Kontinenten und weltweiten Vertriebsgesellschaften ein Global Player in der Folienbranche. In jedem der Werke ist spezielles Know-how zur Fertigung der Folienprodukte gebündelt. Um an der Weltspitze zu bleiben, muss die Produktion nach internationalen Standards an allen Standorten eine durchgängig hohe Qualität der Produkte garantieren. Dabei setzt die Unternehmensführung auf eine innovationsorientierte Personalstrategie, in der die Ziele Mitarbeiterbindung und Personalentwicklung eine zentrale Rolle spielen. Das Entwicklungspotenzial aller Beschäftigten ist dabei ein wichtiger Faktor, und die Mitarbeiterbefragung aller 4700 Mitarbeitenden weltweit hatte 2017 einen stolzen Rücklauf von fast 80 Prozent. Diese Rücklaufquote ist Zeichen eines Commitments, welches wiederum auf eine gezielte Mitarbeiterbindung durch strategische Employer-Branding-Maßnahmen zurückzuführen ist. Die Verantwortliche der Employer-Branding-Kampagne, Johanna Schlörit, gewährt eine Einsicht in die Verknüpfung von Employer Branding, Kommunikationskampagnen und Innovationsmaßnahmen, und zeigt, wie das Mittelstandsunternehmen Renolit die interkulturelle und interdisziplinäre Wissensgenerierung fördert und damit seine Arbeitgebermarke stärkt.

Welche Rolle spielt Innovation für das Employer Branding der Renolit?
Unsere Firma als einen innovativen und innovationsfördernden Arbeitgeber zu präsentieren, ist eine Aufgabe in unserer Employer-Branding-Kampagne. Dabei bezieht sich Innovation bei uns nicht nur auf Produkte, sondern auf Prozesse, Kultur und Mitarbeiter. Wir haben viele Beispiele, weshalb Innovationen bei uns einen hohen Stellenwert genießen, und tun uns deshalb leicht, für die Employer-Branding-Kommunikation Beispiele zu finden und diese für die Mitarbeiter dann anschaulich darzustellen.

Welche Beispiele wären das?
Ein gutes Beispiel ist der Renolit Innovation Contest: Dieser interne Innovationswettbewerb soll alle Mitarbeiter aus allen Standorten mobilisieren, kontinuierlich innovative Ideen zu entwickeln und gemeinsam zur Reife zu führen. Um diese Aufgabe weltweit zu bewältigen, haben wir ein Netzwerk von Innovationsbotschaftern aufgebaut. Diese unterstützen bei der Aktivierung und Mobilisierung der Mitarbeiter im Rahmen des Contests. Für diese Aufgabe werden sie entsprechend vorbereitet und geschult und können damit den Innovationsgedanken vor Ort verankern. Damit sind sie aber nicht punktuell Innovationsbotschafter, sondern verinnerlichen Innovationsfähigkeit als grundsätzlichen Wert und leben dies auch über den Contest hinaus.

Ein weiteres Beispiel im Rahmen des Contests sind die Teams, die an innovativen Ideen arbeiten. Es gibt immer einen Ideengeber, der aber dann ein interdisziplinäres und interkulturelles

Team um sich versammeln soll, damit wir das Potenzial der Vielfältigkeit nutzen können. So geht es zum Beispiel auch positiv in die Bewertung der Idee mit ein, wenn ein Ideengeber Mitarbeiter aus verschiedenen Standorten möglichst verschiedener Länder für sein Team rekrutiert. Die Interdisziplinarität des Teams ist dagegen sogar Pflicht. Nur so stellen wir sicher, dass das meiste aus der innovativen Idee herausgeholt wird. Die Reibung der verschiedenen Disziplinen ist zwar anstrengender, wird aber durch bessere Ergebnisse belohnt.

Wie wird die Reibung, sprich die konstruktive Kommunikation, dieser Teams sichergestellt, wenn sie doch meist nicht an einem Ort sind?
Dieser Prozess der Reifung der innovativen Ideen erfolgt über Monate über Ländergrenzen und Zeitzonen hinweg in beispielsweise Telefonkonferenzen, Webmeetings und auf Kollaborationsplattformen. Insbesondere Letzteres hat sich als ein sehr wirkungsvolles Instrument herausgestellt. Wir nutzen beispielsweise Atlassian Confluence, das ist eine Wiki-Software für Kommunikation und Wissensaustausch in Unternehmen. So ein intensiver Arbeitsprozess schweißt Kolleginnen und Kollegen verschiedener Standorte zusammen. Auch nach dem Ende des Innovation Contests bleibt dieses Netzwerk bei den meisten Mitarbeitern erhalten, und das ist von unschätzbarem Wert für die Innovationsfähigkeit eines Unternehmens.

Was motiviert die Mitarbeiter, sich an so einem zeitintensiven Prozess wie dem Innovation Contest zu beteiligen?
Einfach die Möglichkeit für jeden Mitarbeiter, sich weltweit zu engagieren, unabhängig von der Position, und so die Zukunft mitgestalten zu können. Auch die Investition, die wir in einen Mitarbeiter tätigen, und das damit gezeigte Vertrauen wirken sehr motivierend. Die Investition erfolgt in Form von intensivem Training, Schulungen und Coaching. Das wiederum hat eine Mitarbeiterbindung und eine Stärkung des Glaubens an die Marke zur Folge.

Jeder Mitarbeitende kann sich weltweit engagieren, unabhängig von der Position, und so die Zukunft mitgestalten. Das motiviert für Wissensgenerierung und stärkt zugleich die Arbeitgebermarke.

Fehlende Post-Merger-Integration

Beispiel: Fehlende Post-Merger-Integration

Post-Merger-Integrationen, also die organisationale Integration von zwei Unternehmen, können sich sehr unterschiedlich gestalten. Das wohl berühmteste Beispiel einer gescheiterten Fusion in der Unternehmensfusionsgeschichte ist DaimlerChrysler. Dafür gibt es zwei maßgebliche Hauptgründe:

Erstens, Ungleichgewicht der Stärken:
Die Fusion bzw. der „merger“, wie der Fusionsdeal im englischen genannt wird, war eine Übernahme durch den profitstärkeren Daimler-Konzern. Übernahmen haben grundsätzlich ein Ungleichgewicht der finanziellen Stärken in sich, was bedeutet, dass die übernehmende Firma die finanziellen Entscheidungen trifft, sei es im strategischen Bereich der zukünftigen Marktausrichtung, der Anwendung für Produktions- und Marketingkosten oder im damit eng verknüpften personellen Kontext.

Zweitens, die Konzernchefs hatten untereinander offen ausgetragene Kommunikationsprobleme, sodass die Mitarbeitenden im mittleren Management beider Konzerne in der wichtigen Phase kurz nach dem Zusammenschluss keine stringente Führung hatten, denn für eine Weile agierten zwei CEOs nebeneinanderher, die keine gemeinsame Strategie verfolgten. Der fusionierte Konzern war trotz Doppelspitze führungslos. Zahlreiche Manager im mittleren Management verließen frustriert DaimlerChrysler – und schließlich auch der CEO der übernommenen Firma Chrysler.

In der Folge war an Innovation, Vertrauensbildung, Wissensaustausch zwischen den amerikanischen und deutschen Funktionsträgern nicht zu denken. Da es zu dieser gescheiterten Übernahme bzw. intendierten Fusion zahlreiche Abhandlungen und Medienberichte gibt, dient dieses Beispiel als Einleitung für einen anderen weniger populären Post-Merger-Fall, der noch nicht abgeschlossen ist, noch einige Hürden zu nehmen hat und deshalb anonym bleibt. Im folgenden Case eines Schweizer Unternehmens im Gesundheitswesen geht es um Herausforderungen organisationsstruktureller und interkultureller Genese – es wurde von einer größeren süd-afrikanischen Klinikgruppe übernommen.

Wie stiller Widerstand im Schweizer Unternehmen einer südafrikanischen Privatklinikgruppe Millionen kostet

Die südafrikanische Gruppe hat zuvor bereits andere Akquisitionen getätigt und ist im Zuge dieser Ankäufe bemüht, ein globales Alignment ihrer HR-Prozesse durchzuführen. Dazu gehört die Einführung einer SAP-Komplettlösung für das HR-Management aus einer Cloud. Sämtliche HR-Bereiche wie Nachfolgeregelung, Rekrutierung oder Compensation sowie Businessanalyse werden in diesem Cloud-System abgebildet und dann für die HR-Teams in Südafrika global transparent einsehbar. Diese Transparenz wollte das Schweizer Management nicht gewähren. Die Folge: Man ging nicht in offene Gespräche mit den südafrikanischen Eigentümern, sondern spielte die Kooperation im Rahmen eines Projekts zur Einführung des sogenannten SuccessFactor-Programms vor. Auf Druck der Südafrikaner holte sich die Projektgruppe in der Schweiz eine Change-Kommunikationsmanagerin ins Boot, um diese Transformation für eine globale HR-Transparenz mit allen Mitarbeitenden in den Schweizer Kliniken umzusetzen. Dabei gab es eine Menge Herausforderungen, wie im folgenden Interview dargelegt:

Was beobachteten Sie bei der Zusammenarbeit zwischen den südafrikanischen und den schweizerischen Projektverantwortlichen?
Ich nahm einige Ähnlichkeiten in der Arbeitsweise wahr, die nicht unbedingt ergänzend zusammenwirken. Ein ausgeprägtes Harmoniebedürfnis und die Umgehung von direkten Ansprachen bei potenziellen Konflikten waren auf beiden Seiten zu beobachten. Als z. B. deutlich wurde, dass aus juristischer Sicht

nach Schweizer Rechtsprechung Transparenz von persönlichen Daten von Mitarbeitenden Grenzen hat, wurde dies nicht explizit angesprochen, um darauf folgend gemeinsam Lösungen zu finden. Die implizite Ausdrucksweise der Schweizer Projektmitarbeitenden drang nicht zum Verständnis der Eigentümer vor. Ich versuchte (als Deutsche) als Vermittlerin zwischen den Kulturen, Klarheit in die Sachlage zu bringen, was aber leider zur Verklärung durch Zurückrudern der Schweizer beitrug. Hinzu kam, dass beide Subgruppen eine eher indirekte Ausdrucksweise haben, der auch ich als Kommunikationsmanagerin nicht immer folgen konnte. Wir verbrachten teilweise Stunden in Meetings und drehten uns dabei permanent im Kreis. Nach einer Weile bekam ich das Gefühl, dass sich beide Seiten gar nicht verstehen wollten. Ob das nun eine speziell kulturelle Hürde ist, möchte ich nicht festlegen wollen. Klar wurde aber später, dass die Schweizer passiven Widerstand gegen die Einführung von SuccessFactors (dem HR-IT-Programm) leisteten und dies mit indirektem Sprachgebrauch zu Beginn nicht offensichtlich war – auch wenn die Vermutung im Raum schwebte. Es lag vielleicht auch am unterschiedlichen Sprachgebrauch von Schweizern, die IT-Englisch sprechen, und Südafrikanern mit einem eigenen Sprach- und Ausdrucksstil in ihrem Englisch sowie dem IT-Team indischer Herkunft.

Was taten die Südafrikaner, als der passive Widerstand auffiel?
Sie verhielten sich nach außen in die Runde geduldig und diplomatisch. Auf meinen Vorschlag hin, diesen Widerstand zu lockern und verschiedene Strategien einzusetzen, um die Situation zu entnebeln, reagierten sie mit dem Argument, dass es die Zeit richten wird. Auch hier sehe ich eine Ähnlichkeit der Kulturen: Zeitdruck – wie wir ihn in deutschen Unternehmen kennen – konnte ich in diesem heterogenen Projektkreis nicht beobachten. Also nahm ich mir auch Zeit, einen ausführlichen Kommunikationsplan zu erstellen. Als Expertin musste ich mich damit widerwillig dem Wunsch des Kunden beugen. Meine Strategie wäre eine Mediation zur Klärung und zum Vorantreiben des kostspieligen Projekts gewesen. Aber für so eine Intervention ist

es Voraussetzung, dass beide Seiten dafür bereit und offen sind. Und das war leider nicht der Fall.

Und hat es die Zeit letztendlich gerichtet?
Nicht innerhalb von sechs Monaten, obwohl man am Hauptsitz in Kapstadt dann doch langsam sauer über das stockende Vorankommen der Umsetzung wurde. Allerdings traf man erst nach einem Jahr personelle Entscheidungen, wie beispielsweise die Projektleitung auszuwechseln. „Wir feuern keine Leute in unserer Kultur“, sagte mir mein südafrikanisches Gegenüber aus der Projektkommunikation bei einem Glas südafrikanischem Rotwein, das sei in ihrem Land politisch nicht korrekt und dort wiederum heikel. Ich befand mich in meiner Position zwischen zwei Konsenswelten, in denen niemand die Führung übernimmt.

Welche Organisationsstruktur existierte nach der Übernahme?
Der südafrikanische Konzern hat eine klare hierarchische Pyramidenstruktur, in der Verantwortungen nach Bereichen deutlich sind. Die Schweizer Klinikgruppe hat eine Matrixorganisation mit Zuständigkeiten in den jeweiligen Kliniken in der ganzen Schweiz einerseits und nach Funktionen in der Zentrale in Zürich. Es existierte also ein systemisches Problem, mit zwei Organisationsformen zu arbeiten, denn die hierarchische Pyramidenstruktur bietet sich bei Übernahmen weniger an. Vielmehr riet ich den Südafrikanern, eine Matrixorganisation mit ihren akquirierten Klinikgruppen einzurichten, um das Reporting aus der Schweiz an die neue Mutterzentrale in Afrika systemisch einfordern zu können. Somit wäre die Führung in Afrika organisatorisch befugt, Informationen auf allen Funktionsebenen einzuholen. Ohne eine Matrix kann keine Post-Merger-Integration gelingen, weil die Rollen unklar definiert blieben und dann vor allem Machtkämpfe stattfinden, die das Vertrauen gar nicht erst entstehen lassen.

Ohne eine Matrixorganisation kann keine Post-Merger-Integration gelingen.

Wie tauschte man sich dann überhaupt aus – gab es Wissensaustausch?
Es gab den Wissenstransfer aus Zürich mit zum Teil fehlerhaften Fakten, was in die Irre führte. Ich meine, das geschah sogar aus diplomatischen Gründen als Zeichen des stillen Boykotts. Zudem wurden die wöchentlichen durchgetakteten virtuellen Projektmeetings inhaltlich zunehmend unstrukturierter, da man bewusst oder weniger bewusst aneinander vorbeiredete. Auch wenn ich nie von Schweizer Führungsseite bestätigt bekommen habe, dass diese fehlende Kommunikationsstruktur Vorsatz war, kann ich doch behaupten, dass Geschäftssitzungen in schweizer Firmen grundsätzlich sehr stark durchstrukturiert sind. Diese Taktik hatte einen derart verwirrenden Effekt, dass „der Gegner", wie in diesem Fall der afrikanische Mutterkonzern, vor Verwirrung entscheidungsunfähig gemacht wurde. In meinen Augen ist das eine perfide Taktik, die massiv Zeit raubt und Budgets unnötig sprengt. Das Projekt wird nun mit zwei Jahren Verspätung umgesetzt, mit einigen rollenden Köpfen – nicht nur wechselte die Projektleitung, sondern letztendlich verlassen der HR-Leiter wie auch der Finanzchef des Schweizer Konzerns die Klinikgruppe.

Welchen Führungsstil empfehlen Sie für ein kompliziert einzuführendes Projekt, das virtuell entsteht und kulturell bedingt keine positive Ergänzung bietet?
Die Mischung von transformalem Stil ganz zu Beginn der Projektphase ist wichtig, um Überzeugungsarbeit zu leisten, und das auch gern bei einer Weindegustation mit Rotweinen aus beiden Ländern, um sich persönlich besser kennen- und schätzen zu lernen und auf eine gemeinsame Kommunikationsebene zu kommen. Und das geschah sogar im Fall dieses Projekts ganz zu Beginn. Was dann aber fehlte, waren die deutlichen Rollenaufteilungen, um Entscheidungen treffen zu können. Es fehlte Kontrolle und Führung bei der Umsetzung, und das muss transaktional innerhalb einer Matrixorganisation durchgezogen werden. Es bringt nichts, wenn das neue fusionierte Unternehmen als zwei Unternehmen nebeneinanderher arbeitet. Die Trans-

formation in einer Post-Merger-Integration ist schmerzhaft und zäh, wenn sie nicht stringent und auch transaktional mit Zeitkontrolle und deutlich kommunizierten Erwartungen mit Deadlines geschieht.

Was die Erfahrung dieser Klinikgruppe zeigt, ist: Es ist eine schwierige Aufgabe, eine Post-Merger-Integration erfolgreich abzuschließen, wenn beide Unternehmenskulturen Konflikte aus kulturbedingten Gründen, wie ein ausgeprägtes Harmoniebedürfnis, umgehen. Wenn die übernehmende Firma als Störenfried wahrgenommen wird, also das harmonische Miteinander des Groupthink der übernommenen Firma stört (siehe Ausführungen im Kapitel zu Coopetition und Interdependenzen), erfolgt unweigerlich eine Subgruppenbildung wie im beschriebenen Fall innerhalb der Projektgruppe.

Wichtige Maßnahmen für eine effektive Wissenskommunikation in einer Post-Merger-Integration sind:

- physische Anwesenheit und sichtbare Führungsstärke der Manager der übernehmenden Firma, vor allem auch vor Ort des übernommenen Unternehmens, also eine Reduzierung der virtuellen Führung, um maximalen Einfluss zu nehmen,
- die Reorganisation in eine globale Matrixorganisation,
- verpflichtende Regelungen für die übernommenen Manager,
- klare Vorgaben der Rollen- und Aufgabenverteilung durch die übernehmende Firma,
- Zeitdruck aufsetzen, um eine Interdependenz zu erhöhen,
- interkulturelle Kommunikationscoachings um Wissensaustausch zu ermöglichen,
- Austausch von Mitarbeitenden in die jeweiligen Standorte für drei Monate, um die Unternehmenskultur zu verstehen und Vertrauen in die übernehmende Firma und in die neuen Kollegen und Kolleginnen zu entwickeln.

Erfolgreiche Post-Merger-Integration nach transatlantischer Firmenübernahme

Beispiel: Erfolgreiche Post-Merger-Integration

Als B2B-Unternehmen ist den meisten Leserinnen und Lesern der zweitgrößte internationale Airlin-Catering-Konzern Gate Gourmet nur bekannt, wenn sie sich auf Flughäfen die Beschriftung der Container ansehen, die gleich beim Cockpit Proviant anliefern. Bis 2002 gehörte Gate Gourmet zur Schweizer SAir Group, die 2001 Insolvenz deklarierte. Eine Investorengruppe kaufte der ehemaligen Gruppe das finanziell einzig starke Filetstück Gate Gourmet ab; somit wurde der Caterer über Nacht ein selbstständiger Konzern.

Nur drei Jahre davor hatte die damalige SAir Group noch das größte amerikanische Airline-Catering-Unternehmen Dobbs International Services mit Sitz in Memphis, Tennessee, übernommen. Mit dieser Übernahme lag der neue Umsatz der vergrößerten Gate Gourmet bei zwei Milliarden US-Dollar. Eine gezielte Post-Merger-Integration fand zunächst nicht statt, sondern verlief eher beiläufig im Verantwortungsbereich der Konzernkommunikationsstelle der SAir Group. Mit der Unabhängigkeit 2002 holte sich der CEO gemeinsam mit dem Leiter der globalen HR-Abteilung eine Kommunikationsleitung für das globale Alignment von Dobbs und Gate Gourmet ins Haus. Dabei wurden die externe Medienkommunikation über den Hauptsitz am Zürcher Flughafen zentralisiert organisiert und interne Wissensaustauschprozesse weltweit mit den 60 Einheiten auf allen Kontinenten vernetzt. Als die erste Kommunikationsleiterin der eigenständigen Gate Gourmet führte die Autorin ein Gespräch mit ihrer damaligen Kommunikationskollegin Sherry Cox in den USA über die sozialpsychologischen Voraussetzungen der Integration der beiden Unternehmen und diskutierte mit ihr darüber, inwieweit die Integration nicht zuletzt auch aufgrund der fließenden und transparenten Kommunikation zwischen den beiden Kolleginnen gelungen ist. Um die amerikanische Perspektive als Lerneffekt für deutsche Leser auszuleuchten, nimmt insbesondere die Einschätzung von Sherry Cox Raum ein.

Was hat unsere Zusammenarbeit aus deiner Sicht zielführend gemacht?
Es war uns beiden wichtig, ganz zu Anfang, nachdem du bei Gate startetest, eine Vertrauensbasis zwischen uns persönlich herzustellen und auch mit allen anderen Kollegen in Memphis. Ich habe es sehr entspannt wahrgenommen, dass du nicht gleich am ersten Tag deines Besuchs mit einer Strategie bei uns aufgelaufen bist, sondern meiner Einladung erst mal gefolgt bist, zusammen das Elvis Presley-Museum zu besuchen und am Abend mit einem Guide eine Bourbon Tasting Tour mit unseren besten Whiskeys zu machen. Wir haben damit Zeit gehabt, unsere Vertrauensbasis zu gestalten.

Zum Glück mag ich die Whiskey-Kultur sehr ... und Elvis Presleys Geschichte kannte ich noch nicht in diesen Details. Deinen Programmpunkten als Gast zu folgen, hat Spaß gemacht, hat mir Eure regional-typische Kultur und den Landesstolz nähergebracht, und das informelle Austauschen habe ich auch als vertrauensentwickelnd empfunden. War das deine Intention?
Ja, und ich wollte vor allem wissen, wer in unserer Matrixorganisation meine zweite Chefin ist, neben George Alvord, unserem Länderchef zu der Zeit. Für mich ist es eleganter, eine neue Kollegin durch gemeinsame Erlebnisse und durch Genuss wie Essen oder erlesene Bourbonsorten kennenzulernen, denn eigentlich findet man dabei immer Gemeinsamkeiten, und das verbindet. Außerdem begannen wir auch schon mit dem gegenseitigen Abgleichen unserer Methoden zur Zielerreichung der Post-Merger-Integration. Und vor allem sprachen wir über unsere jeweilige Teamarbeit. Ganz wichtig war dabei, dass wir uns beide auf Augenhöhe austauschten. Auch wenn du als Head Global Corporate Communications meine Vorgesetzte warst, war es mir sehr recht, ohne Hierarchiedenken zu diskutieren. Du hast, glaube ich, sehr gut von Beginn an verstanden, wie es ist, wenn man von einem unbekannten Unternehmen auf der anderen Seite des Atlantiks übernommen wird.

Woran merkt man das?

Du hast nicht hierarchisch oder autoritär eingefordert, uns deine Strategien aufzudrängen, sondern deine Darstellung von Wegen gegeben, die aus deiner Sicht in der gemeinsamen Situation sinnvoll erscheinen. Dann fragtest du nach meiner Sicht, und wir fanden teils große Differenzen. Dann analysierten wir die Gründe für unsere jeweilige Meinung und brachten Licht ins Dunkel. Ich denke, wir haben beide enorm viel über unsere Denk- und Handlungsweisen in unserem Business gelernt und damit übernahmen wir teilweise deine Ideen und teilweise unsere, ohne dabei Kompromisse oder Deals zu machen. Wir haben einfach „cherry picking“ betrieben, also das Beste beider Welten angewandt, wo es Sinn machte, und eine globale Strategie daraus entwickelt. Damit fühlten wir uns in Memphis zugleich wertgeschätzt. Und dann fällt es leichter, auch deine Ideen anzunehmen, im Sinne des Gebens und Nehmens.

„Wir haben einfach ‚cherry picking' betrieben, also das Beste beider Welten angewandt, wo es Sinn machte, und eine globale Strategie daraus entwickelt. Damit fühlten wir uns in Memphis zugleich wertgeschätzt. Und dann fällt es leichter, auch deine Ideen anzunehmen, im Sinne des Gebens und Nehmens."

Ihr hattet aber auch echt gute Ideen im Marketingbereich, in dem ich mich nicht so gut auskenne und Ihr umso mehr – eine echte Ergänzung und Rettung in der Not …

Du spielst auf die Metalldose an, die wir für PR-Zwecke herstellen ließen, ohne das mit dir vorher abzusprechen – als Werbemittel für das neue Produkt „direct-on-board sales“, also den Direktverkauf an Bord der Maschinen, was vor 15 Jahren ein absolutes Novum in Europa war. Die gesamte Airline-Catering-Branche war unter Kostendruck wegen der Airline-Krise. Aber diese Krise hat geholfen, uns mitten in der Post-Merger-Phase wie eine Schicksalsgemeinschaft zusammenzuschweißen. Wir mussten dieses Produkt unter ziemlichem Zeitdruck neu für Milliarden von Fluggästen entwickeln. Der Innovations-, Kosten-, Handlungsdruck durch die Airline-Krise beschleunigte die Innovationsprozesse nicht nur in den USA und Europa, sondern weltweit.

... und zum Glück hatten wir gerade zum richtigen Zeitpunkt das neue in allen Standorten nutzbare Intranet fertig gestaltet. Es musste nur noch mit Ideenaustausch bevölkert werden.
Ja, es war gut, dass du dieses globale Intranet völlig neu mit der IT-Abteilung in Zürich ins Leben gerufen hast. Wir hatten sechs verschiedene Intranetplattformen, bevor du kamst. Die kosteten alle extra Geld, und wir waren noch nicht einmal damit global vernetzt, jeder Kontinent hatte seine eigene Intranetplattform – es war sehr gut, dass du es gegen alle Widerstände in den Regionen massiv gepusht hast und durchgehalten hast. Heute wird die gleiche Plattform weiterhin stark genutzt, speziell für Best-Practice-Austausch in den Küchen und in der Logistik. Keiner kann sich heute Wissensaustausch ohne dieses Tool vorstellen. Denn das Schöne an der Anwendung ist die technische praktische Einfachheit, die wir in den Küchen brauchen. Küchenchefs sind kreativ und tauschen sich konstant mit Erfahrungen und Tipps aus, und letztendlich ist das extrem wichtig für unsere global gleichwertige Qualität, wie sie von unseren Airline-Kunden erwartet wird. Da braucht man keine super Tools, sondern ein übersichtliches Netzwerk mit weniger Funktionen.

Jetzt eine Frage an dich: Was ist das Highlight unserer Kooperation?

... dass wir es zusammen mit George (Länderchef USA und davor CEO von Dobbs) geschafft haben, tatsächlich eine Integration unserer Unternehmen in ein großes Ganzes hinzubekommen und dabei innovativ zu sein, dem Kostendruck getrotzt zu haben, immer Spaß bei der Zusammenarbeit zu haben und bei haarigen Medienanfragen immer gemeinsam an einer Lösung zu arbeiten, immer rege Informationen offen auszutauschen. Das hat uns erfolgreich gemacht. Ein fusioniertes Unternehmen kann aus meiner Sicht enorm gewinnen, wenn beide Seiten auf Augenhöhe bleiben

und den Respekt füreinander bewahren. Schließlich geht es um das Erreichen des maximal Möglichen – warum sonst schließen sich Firmen zusammen oder kaufen sich auf ... und was ist dein Highlight unserer Kooperation?

Eine Szene, die mir nicht aus dem Kopf verschwindet, weil sie so komisch ist: Am zweiten Tag deines ersten Besuchs in Memphis saßen wir mit sechs Managern im Konferenzraum, und dein Blick schweifte neugierig die Wände entlang. Als du das alte hübsche Dobbs-Logo sahst, erstarrte ich fast, weil du für eine Sekunde innehieltest. Das hatte etwas von einem Teenager-Zimmer-Effekt, wenn die Mutti etwas im Zimmer entdeckt, das sie dort nicht sehen möchte. Deine Reaktion war humorvoll. Du sagtest mit einem Lächeln: „Was hängt denn da für alte Kunst an Eurer Wand ... " und fingst an zu lachen. Alle Köpfe drehten sich zu dem nicht übersehbaren Logo, das wahrscheinlich nach all den Jahren gar nicht mehr wahrgenommen wurde, und sagtest dann ganz entspannt: „Bei meinem nächsten Besuch werde ich Euch ein neues Kunstwerk mitbringen, das hängen wir dann gemeinsam auf ..." Das war alles, und du drehtest dich wieder langsam zurück zum Geschehen am Tisch, obwohl du wahrscheinlich sauer warst, dass nach drei Jahren die symbolische Identität im Konferenzraum immer noch von Dobbs und nicht von Gate Gourmet geprägt war. Das fanden wir alle ziemlich komisch und cool zugleich. Deshalb verschwand das verstaubte Teil auch sehr bald danach und wurde mit einem Gate-Gourmet-Logo ersetzt.

Es ist unnötig, diese Konversation zu kommentieren; nur ein Aspekt sei an dieser Stelle angebracht: Unabhängig von der bereits zuvor erwähnten Differenzverwandtschaft zwischen der deutschen und der amerikanischen Kultur wie im Kapitel über heterogene Kulturkollektive erläutert zählt die tief menschliche Feinfühligkeit, die ebenso bei großen kulturellen Unterschieden zum Ziel führt. Innovation nährt sich vor allem durch gegenseitiges Zuhören, Maßnehmen von Ansätzen, Weglegen von falschem Stolz. Es ist davon auszugehen, dass Manager von Firmen, die andere übernehmen, sich wie Herrscher über die Manager der übernommenen

Firma verhalten, und das höchstwahrscheinlich und paradoxerweise aus Unsicherheit, die Integration nicht wuppen zu können. Das Scheitern bei diesem Verhalten ist vorprogrammiert und eventuell aus psychologischer Sicht der tieferliegende Grund dafür, dass gemäß A.T. Kearney und KPMG mehr als 80 Prozent aller Fusionen ihre Ziele verfehlen.

Folgende neun Verhaltensweisen, die Wissensaustausch fördern, führten zur Post-Merger-Integration bei Gate Gourmet. Sie sind ein in der Praxis umgesetztes Abbild der Ausführungen in Kap. 2:

- Sich gegenseitig zuhören, die Gedanken des anderen aufnehmen und weiterentwickeln – wie im Schneeball-Prinzip.
- Empathie zeigen, zeigen, dass das Gegenüber einem nicht egal ist; das wiederum erzeugt Vertrauen.
- Fragen für das Verstehenwollen stellen, um einen Dialog zu vertiefen bzw. zum Dialog einzuladen.
- Andere ermutigen, Fragen zu stellen, denn aus jeder Frage könnte eine Idee entstehen.
- Im Teamverbund Freiheiten geben und zugleich an die Ziele erinnern.
- Als Coach agieren und nicht als Problemlöser, denn in jedem Kopf können andere und bessere Lösungen stecken; durch einen Coachingstil in der Führung – das heißt durch Fragen – werden sie eher geteilt.
- Positives Feedback geben. Das schafft Vertrauen und motiviert für weiteren Austausch.
- Kritisches Feedback mit konstruktiven Vorschlägen geben. Dadurch signalisieren Sie Unterstützung für Verbesserung.
- Mitarbeitende als Mitmenschen behandeln und nicht wie eine Ressource, die ihren Job zu machen hat. Das fördert persönliches Vertrauen.

7 Schlussbetrachtung mit Checklisten

Maßnahmen des Personalmanagements für optimierten Wissensaustausch in heterogenen virtuellen und semi-virtuellen Teams

Ordnen wir die gesammelten Erkenntnisse aus den vorangegangenen Kapiteln in konkrete Handlungsempfehlungen für die Umsetzung in der Praxis. Dabei ist zu beachten, dass es sich im Folgenden nur um allgemeine Empfehlungen handeln kann, da Unternehmenskulturen unterschiedlich gelagerte Schwerpunkte haben, unterschiedlich geführt werden und verschiedene Phasen durchlaufen. Die folgenden Listen und Profile sind industrieübergreifend und dienen Rekrutierern, Personalentwicklern, Führungspersonen und Linienmanagern.

Ihre Antworten auf die zahlreichen Fragen zur Selbstreflexion im Verlauf der Abhandlungen sollten Sie für Ihre persönliche Analyse hinsichtlich zukünftiger Maßnahmen zusätzlich in Kombination mit den Checklisten verarbeiten. Sie werfen wahrscheinlich für Ihre Situation relevante zusätzliche Aspekte auf, die Ihre Vorgehensstrategie verfeinern.

Personalrekrutierung: Das Profil des Wissensaktivisten

Sollte Innovationskraft im Zentrum Ihres gegenwärtigen Schaffens sein, lohnt sich die Erwägung, einen Wissensaktivisten zu rekrutieren oder aus dem Unternehmen heraus zu entwickeln. Die Argumente wurden in Kap. 5 zur Führung in der Wissensintegration geschrieben und am Beispiel Skandia verdeutlicht. Wissensaktivisten haben einen vielfältigen Job: Sie sind integrierende Moderatoren, koordinierende Vernetzer und haben zugleich einen ausgeprägten Geschäftssinn mit dem Überblick auf das große Ganze einer Organisation. Das folgende Kompetenzprofil skizziert die einzelnen Aufgabenbereiche:

Das Kompetenzprofil des idealen Wissensaktivisten nach je drei Rollen:

Integr. Moderator	Koordin. Vernetzer	Geschäftsperson
Transparente Kommunikationsfähigkeit, um andere auch dazu zu entwickeln	Interdisziplinäre Kenntnis aller Funktionseinheiten und Wissensdurst, um Lücken zu füllen	Hegt Leidenschaft für die Industrie, um Kenntnis der Konkurrenz zu erlangen
Motivierend	Kennt die Unternehmensgeschichte	Botschafter der Vision
Emotionale Intelligenz und Respekt im Unternehmen	Storytellingkompetenz, um Beispiele zu geben	Analytisch und strategisch
Kann Gruppendynamik und Beziehungen verbessern	Visualisieren von Plänen, um Kooperation anzureizen	Gesamtstrategie immer im Auge
Coach für Planentwicklung von Aufgabenverteilung und Verantwortlichkeiten	Verbindungen erkennen zwischen verschiedenen Wissensgenerierungsinitiativen	Motivieren und Ideen verkaufen
Zuverlässiges Netzwerk innerhalb und außerhalb des Unternehmens aufbauen	Breites Netzwerk verknüpfen, wo es Sinn ergibt	Unkonventionelle Denkweise mit ungewöhnlichen Ideen und Mut

Teamentwicklung: Rollenverteilung in virtuellen Innovationsteams

Innovation in Firmen auszulösen, bedeutet grundsätzlich auch, die Firma für eine Transformation bereitzumachen, wenn es um die Umsetzung in eine Dienstleistung oder ein Produkt geht. Das heißt, dass zu Beginn von Transformationen Kernteams unbedingt aus sogenannten „Change Agents" – also Katalysatoren für Veränderung – bestehen sollten. Ähnlich wie Wissensaktivisten haben sie eine integrierende Katalysatorenfunktion, die Veränderungen voranzutreiben. Die Inhalte müssen dabei nicht zwingend die Wissensintegration betreffen, sondern vielmehr die Umsetzung der Transformation an sich, wie am Beispiel der digitalen Transformation bei Lloyds of London in Kap. 6 erläutert.

Change-Agents sind vor allem kommunikationsorientiert, wie im Sinne der Teamrollendefinition nach Belbin (2010) identifizierbar.

Neun Teamrollen nach Belbin

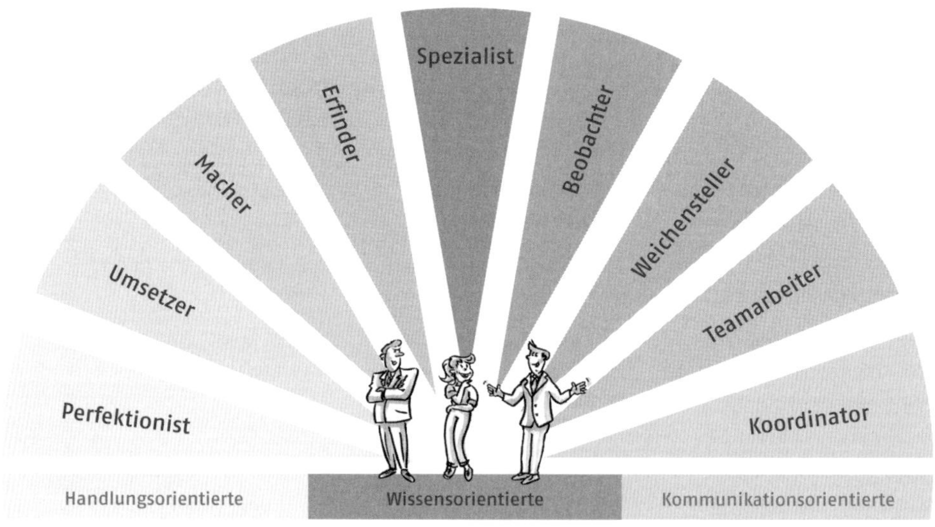

Teamrolle Change-Agent

Sie stellen Weichen, erforschen Neues, bauen Kontakte auf, suchen und finden neue Optionen.
Als Teamarbeiter haben sie unterstützende Funktion, mit effektiverer Kommunikation zu arbeiten, sind kooperativ, einfühlsam, diplomatisch.

Und als Koordinator halten sie Kontrolle über die Teamaktivitäten, nutzen vorhandene Ressourcen und fördern Entscheidungsfindung. Der Mensch und empathische Kommunikation stehen im Mittelpunkt der Natur eines Change-Agents. Detailliertes Wissen ist nicht zwingend Teil ihres Daseins.

Teamrolle Wissensträger

Dafür braucht es besonders in Innovationsteams die wissensorientierten Teammitglieder, wie (nach Belbin) die Erfinder, die Beobachter und die Spezialisten, deren Kommunikationsfähigkeit möglicherweise weniger stark ist, die dafür aber wichtige Fähigkeiten für eine Ideenfindung haben. Stellen Sie sicher, dass in Ihrem Innovationsteam unkonventionelle kreative Erneuerer sind, die neue Ideen und Strategien einbringen und nach guten Lösungen suchen (Erfinder). Ebenso wichtig sind Beobachter als kritische Beurteiler, die Ideen und Vorschläge auf ihre Machbarkeit und ihren praktischen Nutzen für die Ziele hin untersuchen. Beobachter sind meist nüchterne Analytiker, die ohne direkte Aufforderung selten das Wort ergreifen und von den Change-Agents dazu animiert werden müssen – vorausgesetzt, sie werden in ihrer introvertierten Rolle in ihrem Wert als kritische Strategen überhaupt erkannt und nicht von den kommunikativen Charakteren übergangen. Hier braucht es das Einfühlungsvermögen des Teamarbeiters, um zu intervenieren, wenn nötig. Schließlich sind Spezialisten mit ihrem Fach- und Detailwissen in Innovationsteams äußerst wichtig, dennoch, auch sie brauchen ausgleichende Kompetenzen der Koordinatoren mit ihrem Übersichtswissen und Entscheidungswillen.

Teamrolle „just do it"

Wie in jedem Team sind handlungsorientierte Macher (treiben und formen Aktivitäten, Diskussionen und Ergebnisse), Umsetzer (setzten Konzepte und Pläne systematisch, verlässlich und diszipliniert um) und Perfektionisten (stellen optimale Ergebnisse sicher) fester Bestandteil. Ohne handlungsorientierte Teammitglieder treten Innovationsteams auf einer Stelle und würden sich in Endlosdiskussionen mit mal mehr, mal weniger Detailwissen verfransen.

Gruppen-ID bilden

Grundsätzlich gelten Kommunikationsorientierte als eher extrovertierte Menschen und Wissensorientierte als eher introvertierte Typen. Die Kunst, diese wahrscheinlich bestehenden Polaritäten auch virtuell mit ihren jeweiligen Stärken zu nutzen, liegt in der Schaffung einer Gruppenidentität (Vertrauens-Viagra 2 in Kap. 2).

Change-Agents sollten die Virtuelle Kommunikation steuern

Wie ein abgerundetes Team mit allen beschriebenen Rollen virtuell kooperiert, kann in Kap. 2 insbesondere den drei letzten Unterkapiteln entnommen werden. Die Steuerung einer effektiven virtuellen Kommunikation sollte von den kommunikationsstarken Change-Agents übernommen werden.

Was die interkulturelle Komponente betrifft, lohnt sich ein Abgleichen Ihrer bestehenden Teams – unabhängig von den Teamrollen – im folgenden Selbstcheck interkultureller (Führungs-)Kompetenz.

Kompetenzentwicklung: Selbstcheck interkultureller (Führungs-)Kompetenz

Folgende Kriterien wurden auf Grundlage jahrelanger Praxis mit internationalen Unternehmen entwickelt.

*Die mit * markierten Eigenschaften werden erklärt.*
Alle anderen sollten nach Lektüre dieses Bandes selbsterklärend sein.

28 Kriterien interkultureller Kompetenzeinschätzung — 4 = hohe Kompetenz

	1	2	3	4
zuhörfähig	☐	☐	☐	☐
anpassungsfähig	☐	☐	☐	☐
ambiguitätstolerant*	☐	☐	☐	☐
kommunikationsfähig	☐	☐	☐	☐
metakommunikationsfähig*	☐	☐	☐	☐
Konflikte lösend	☐	☐	☐	☐
kooperationswillig	☐	☐	☐	☐
neugierig	☐	☐	☐	☐
empathiefähig*	☐	☐	☐	☐
ethnorelatives Verhalten*	☐	☐	☐	☐
sensibel	☐	☐	☐	☐
lernbereit	☐	☐	☐	☐
tolerant	☐	☐	☐	☐
offen für anderes	☐	☐	☐	☐

optimistisch	☐	☐	☐	☐
hoch wahrnehmungsfähig	☐	☐	☐	☐
neutral wahrnehmungsfähig*	☐	☐	☐	☐
beziehungsorientiert	☐	☐	☐	☐
respektvolles Verhalten	☐	☐	☐	☐
selbstbewusst	☐	☐	☐	☐
reflexionsfähig*	☐	☐	☐	☐
unterstützendes Naturell	☐	☐	☐	☐
wissensaustauschwillig	☐	☐	☐	☐
problemlösend	☐	☐	☐	☐
teamorientiert	☐	☐	☐	☐
authentisch	☐	☐	☐	☐
kritikfähig	☐	☐	☐	☐
entscheidungsfähig	☐	☐	☐	☐

Weshalb diese Eigenschaften bzw. Kompetenzen wichtig sind:
* **ambiguitätstolerant:** Im interkulturellen Kontext wird unter Ambiguitätstoleranz das Aushalten von Widersprüchlichkeiten und gegensätzlichen Erwartungen verstanden, die durch kulturell bedingte Unterschiede und mehrdeutige Informationen auftreten können. Menschen mit hoher Ambiguitätstoleranz sind in neuen, unstrukturierten und schwer kontrollierbaren Situationen fähig, Abweichungen von ihrer jeweiligen gewohnten Norm oder unerwartete Reaktionen oder Handlungen anderer neutral wahrzunehmen und zu akzeptieren und nicht als Bedrohung zu empfinden, wie Menschen mit einer niedrigen Ambiguitätstoleranz. Damit bleibt die wichtige Handlungsfähigkeit besonders in der Führungsfunktion erhalten.

* **metakommunikationsfähig:** In Teams mit unterschiedlich vorhandenen Kommunikationsstilen ist es wichtig, über die Kommunikation innerhalb des Teams zu sprechen, quasi auf der Metaebene – das ist Metakommunikation.

* **empathiefähig:** Sich in das Befinden anderer Menschen hineinversetzen zu können, ist im interkulturellen Kooperieren wichtig, um unter Umständen anderen Erwartungen entgegenkommen zu können.

* **ethnorelatives Verhalten:** Ethnozentrismus als Gegenpol bezieht sich auf den Standpunkt eines Individuums, der auf dessen eigener Kultur oder ethnischer Gruppe basiert, mit der Folge, dass die eigenen Werte als richtig, der Norm entsprechend oder sogar als besser und diejenigen anderer Kulturen als falsch, abnormal oder minderwertig angesehen werden. Eine ethnozentrische Ansicht bedeutet, dass Menschen ihre eigene Kultur in den Mittelpunkt stellen und andere Kulturen aus der Perspektive der eigenen Werte betrachten. Der ethnorelative Standpunkt ist per Definition der Gegensatz zum ethnozentrischen Standpunkt. Menschen mit ethnorelativem Verhalten nehmen das Wissen, die Vorstellungen, die Werte und das Verhalten anderer Kulturen ohne Voreingenommenheit ihrer eigenen Kultur wahr. Dadurch erkennen sie auch den Mehrwert an Diversität.

* **neutral wahrnehmungsfähig:** unvoreingenommene Wahrnehmung schützt vor voreiligen Bewertungen, durch die mögliche Lerneffekte unterbunden würden.

* **reflexionsfähig:** Reflexion von Situationen und Äußerungen in interkulturellen Teams hilft, potenzielles Missverstehen zu verhindern.

Dieser Check eignet sich für die Selbsteinschätzung und danach für die Fremdeinschätzung durch Teamkollegen und Vorgesetzte, also als Teil eines 360-Grad-Verfahrens für die Kompetenzentwicklung.

Personalmanagement: Gezielte Mitarbeiterbefragungen für Wissenstransfer in virtuellen heterogenen Teams

Hier ein Fragenkatalog mit skalierten Fragen von 1 bis 10, entwickelt aus den Erkenntnissen der vorangegangenen Kapitel, um die Ausgangslage für innovative Projekte in Ihrem Unternehmen zu erfassen. Dieser Fragenkatalog eignet sich auch gut für Innovations-Check-ups in einer Post-Merger-Integration:

1 gar nicht	6 ab und zu
2 nicht viel	7 immer wieder mal
3 relativ selten	8 relativ häufig
4 manchmal	9 viel
5 geht so	10 sehr viel

- Bekommen Querdenker Anerkennung? ☐
- Wie sichtbar ist Ihre Führungsperson im Wissensaustausch? ☐
- Sind Ihre Teamziele für Wissenskommunikation definiert? ☐
- Bekommen Sie im Team Führungsvorgaben für Wissensaustausch? ☐
- Könnten Sie in Ihrem Team mehr Wissen austauschen? ☐
- Würden Sie Ihr Team als harmonisch bezeichnen? ☐
- Wie motiviert sind Ihre Mitarbeitenden und Kollegen, ihr Wissen auszutauschen? ☐
- Haben Sie eine Teamidentität? ☐
- Haben Sie eine starke persönliche Bindung zu Ihrem Team? ☐
- Besteht unter den Teams Konkurrenzverhalten? ☐
- Besteht unter den Teams Kooperationsverhalten? ☐

- Kommunizieren Sie im Team eher spontan? ☐
- Kommunizieren Sie im Team eher vorgeplant? ☐
- Wie glücklich sind Sie mit der Kommunikationsweise? ☐
- Haben Sie persönlich ein stabiles Vertrauensverhältnis mit den Teamkollegen? ☐
- Glauben Sie, dass die Teamkollegen ein Vertrauensverhältnis untereinander pflegen? ☐
- Nehmen Sie Subkulturen an anderen Standorten wahr? ☐
- Wirft virtuelle Wissenskommunikation für Sie Herausforderungen auf? ☐
- Wirft interkulturelle Wissenskommunikation für Sie Herausforderungen auf? ☐
- Beobachten Sie Gruppen, die einen eigenen Sprachstil miteinander pflegen? ☐
- Bezeichnen Sie die Unternehmenskultur in der Firma als stark definiert? ☐
- Würden Sie Ihre Unternehmenskultur als innovative Wissenskultur bezeichnen? ☐
- Können Sie sich mit der definierten Unternehmenskultur identifizieren? ☐
- Beobachten Sie ein großes Commitment für Wissensaustausch im Team? ☐
- Beobachten Sie Loyalität im Team? ☐
- Bewerten Sie Interdependenz unter verschiedenen Teams als positiv? ☐
- Bezeichnen Sie den Tiefgang, die Details des Wissensaustausches als ausreichend? ☐
- Haben Sie eine festgelegte Definition darüber, was Wissensaustausch in Ihrem Team bedeutet? ☐

Bei einer hohen Diversität an Antworten besteht Handlungsbedarf für Teamentwicklungsmaßnahmen; ebenso bei einer niedrigen Diversität an Antworten, da die Gefahr von zu viel Harmonie, Groupthink oder zu großen Teamrollenähnlichkeiten bestehen kann.

8 Epilog

Ich hoffe, liebe Leserinnen und Leser, dass die Ausführungen dieses Buches Inspiration geben oder Entdeckungen mit Aha-Effekten auslösen oder vielleicht auch Erkenntnisse für das eigene Kommunikationsverhalten hervorrufen. Mir persönlich liegt es vor allem am Herzen, zu vermitteln, dass virtuelle Zusammenarbeit im Zuge von zunehmender Digitalisierung nicht an zwischenmenschlichen Faktoren einbüßt. Das wäre nicht nur langweilig, da es Menschen sind, die Ideen haben und sie teilen, sondern auch kontraproduktiv, wie hoffentlich deutlich genug dargestellt wurde. In all dem Trubel um Digitalisierung, flexible Arbeitsorte und -zeiten, um Firmenzusammenschlüsse zur Erschließung neuer Märkte und nicht zuletzt die Diskussionen, wie Fachkräfte aus dem Ausland in deutschen Unternehmen integriert werden, geht es schließlich um den Beitrag und die Wertschätzung jedes einzelnen Individuums, die Innovationskraft seiner Arbeitgeber mitzugestalten. Wie mit den Beispielen des globalen Nischenplayers Renolit am Standort Worms in der Pfalz oder im Interview über die innovative Leistung beim Schweizer Global Player Phonak und den digitalen Transformationsprozess bei Lloyds of London demonstriert, stehen für ein ganzheitliches Wertekonstrukt die Individuen im Mittelpunkt. Das frühzeitige aktive Involvieren von Mitarbeitenden, unabhängig ihrer hierarchischen Position, unabhängig ihrer Herkunft, unabhängig ihres Standorts, ist die Crux für erfolgreiche Change-Prozesse mit dem Anspruch auf innovative Topleistung. Dieses Einbinden einer gesamten virtuellen interkulturellen Belegschaft erfordert eine anspruchsvolle Palette von Führungseigenschaften, Führungsstilen, Führungsverhalten und -kommunikation, wie sie bisher wohl kaum zuvor existierte. Ich wage zu behaupten, dass der zukünftige Führungsanspruch mit noch mehr Empathie beseelt sein sollte, weil es um etliche Abwägungen im Sinne der Bedürfniserfassung einer höheren Variabilität an Individuen geht, wie im Buch erläutert. Es wird auch zu der Kunst der Führung gehören, mehr nuancierte situative Entscheidungen zu treffen, um auf dem Markt agil zu bleiben. Als Erleichterung dieser Aufgabe wird es sich als nützlich erweisen, die heterogenen Expertengruppen im eigenen Haus zu konsultieren, die im Idealfall bereits innovative Szenarien in petto haben. Die Definition einer Unternehmenskultur und die Organisationstruktur, besonders nach einer Fusion, sollten a priori von der Frage getrieben sein, welche Formen eine virtuelle heterogene Wissenskultur am besten ermöglichen. Ich wünsche Ihnen viel Freude und Erfolg bei der Umsetzung einer Neugestaltung.

Glossar

Alignment: Vereinheitlichung mit der Absicht des Zusammenhalts

B2B: Geschäftsmodelle ohne direkten Verkauf an Konsumenten, sondern von Geschäft zu Geschäft

CEO – Chief Executive Officer: Geschäftsführer / Geschäftsführerin eines Konzerns – Konzernschef

Change-Agent: Mitarbeitender mit Katalysatoren-Funktion um Veränderungsprozesse voranzutreiben

Change-Prozess: Veränderungsprozess oder auch Transformationsprozess

Commitment: Engagement, mit vollem Einsatz für eine Sache zu arbeiten

Content-Manager: verantwortlicher Manager für die Inhalte von Intranets oder anderen firmeninternen Portalen

Coopetition: Konkurrenz mit Kooperation als Mischform der Zusammenarbeit

Cross-funktional: interdisziplinäre Funktionen betreffend

EMEA: Geschäftseinheit der Regionen Europa, Middle East (Mittlerer Osten), Afrika

Emotionale Intelligenz: die Intelligenz, mit zwischenmenschlichen Situationen umgehen zu können

Explizite Kommunikation: direkte eindeutig interpretierbare Kommunikation

Followers: Geführte (wörtlich aus dem Englischen), einer Führungsperson folgende Mitarbeitende

Fusion: Firmenzusammenschluss

Groupthink: einheitliches bzw. vereinheitlichtes Gruppendenken

Horizontale Wissensintegration: Integration von Wissen verschiedener Funktionsträger

Implizite Kommunikation: indirekte mehrdeutig interpretierbare Kommunikation

Implizites Wissen: Wissen, das erst durch Konversation / Austausch mit anderen an die Oberfläche des Bewusstseins gelangt

Intrinsische Motivation: Motivation, aus eigenen Interesse heraus etwas zu tun, ohne monetäre Anreize (extrinsische Motivation)

KMU: Kleine bis Mittelständische Unternehmen

Matrixorganisation: Strukturform, bei der sich eine nach Fachabteilungen gegliederte und eine nach Projekten gegliederte Organisation überlappen (aus der betrieblichen Organisationslehre)

Media Richness: vollumfängliche Mediennutzung verbaler und nonverbaler Kommunikationskanäle

Merger: Fusion, Firmenzusammenschluss

Polyidentitäten: mehrere Identitäten

Post-Merger-Integration: Integration von Firmenkulturen nach Übernahme (Akquisition) oder Firmenzusammenschluss (Fusion, Merger)

Prozedurale Fairness / Gerechtigkeit: umfasst sowohl die Verteilung von Ressourcen, das Verfahren zur Entscheidungsfindung, die Zur-Verfügung-Stellung relevanter Information und den sozialen Umgang der Beteiligten miteinander

Semivirtuelle Gruppen: zum Teil virtuell arbeitende Gruppen

Sender & Empfänger: kommunizierende Person (Sender) und angesprochene Person (Empfänger)

Subgruppenbildung: Bildung von sich abspaltenden Personengruppen innerhalb eines Teams oder einer Organisation

Transformationsprozess: Veränderungsprozess = Changeprozess

Vertikale Wissensgenerierung: Generierung von Wissen der gleichen oder ähnlichen Funktionsträgern

Wissensagent: Mitarbeitender mit Katalysatorenfunktion, um Wissensaustauschprozesse voranzutreiben

Wissensaktivist: Führungsperson, die Wissensaustausch als Priorität definiert

Literatur

Axelrod, R. (1991): *Die Evolution der Kooperation.* Oldenbourg Verlag, München.

Bachmann, R.; Zaheer, A. (2013): *Handbook of Advances in Trust Research.* Edward Elgar Publishing, Cheltenham.

Bass, B. M. (1997): *Does the Transactional – Transformational Leadership Paradigm Transcend Organizational and National Boundaries?* In: American Psychologist, 52 (2), S. 130–139.

Bass, B. M.; Avolio, B. J.; Jung, D. I.; Berson, Y. (2003): *Predicting unit performance by assessing transformational and transactional leadership.* Journal of Applied Psychology, 88 (2), S. 207–218.

Bell, D. (1999): The *Coming of Post-industrial Society.* Basic Books, New York.

Bolten, J. (2011): *Diversity Management als interkulturelle Prozessmoderation.* In: Interculture Journal 10 (13).

Bolten, J. (2007): *Einführung in die Interkulturelle Wirtschaftskommunikation.* Vandenhoeck & Ruprecht, Göttingen.

Bolten, J. (2012): *Interkulturelle Kompetenz.* Landeszentrale für politische Bildung Thüringen.

Bolten, J. (2013): *Reziprozität, Relationalität und Mehrwertigkeit. Ein Plädoyer für einen holistischen Kulturbegriff.* In: Johanning, A. (Hg.): Interkulturelle Wirtschaftskommunikation in Forschung und Lehre, München.

Bolten, J. (2011): *Unschärfe und Mehrwertigkeit: Interkulturelle Kompetenz vor dem Hintergrund eines offenen Kulturbegriffs.* In: Dreyer, W., Hössler, U. (Hg.): Perspektiven Interkultureller Kompetenz. Vandenhoek & Ruprecht, Göttingen.

Coleman, J. S. (1991): *Grundlagen der Sozialtheorie. Handlungen und Handlungssysteme* (Bd. 1). Oldenbourg Verlag, München.

Döring, N. (2003): *Sozialpsychologie des Internet.* Hogrefe, Göttingen.

Drucker, P. (2003): *On the Profession of Management.* Harvard Business Publishing, Brighton.

Finkelstein, S. (2002): *The DaimlerChrysler Merger.* Tuck School of Business, Trustees of Dartmouth College.

Fiske, A. P. (1992): *The four elementary forms of sociality: framework for a unified theory of social relations.* In: Psychological Review, 99 (4), S. 689–723.

Gebert, D.; von Rosenstiel, L. (2002): *Organisationspsychologie*, Kohlhammer, Stuttgart.

Gebert, D. (2002): *Führung und Innovation.* Kohlhammer, Stuttgart.

Hansen, K. P. (2009): *Kultur, Kollektiv, Nation.* Verlag Karl Stutz, Passau.

Harvard Business Review (2001): *What makes a Leader.* Harvard Business, Brighton.

Hauschildt, J.; Salomo, S.; Schultz, C.; Kock, A. (2016): *Innovationsmanagement.* Franz Vahlen Verlag, München.

Heckhausen, J. (2010): *Motivation.* Springer Verlag, Berlin.

Hogg, M.A. (2012): *Uncertainty-identity theory.* In: P.A.M. van Lange, A.W. Kruglanski; E.T. Higgins (Hg.): Handbook of Theories of Social Psychology (Bd. 2), Sage Publishing, Thousand Oaks, S.62–80.

Jarvenpaa, S.L.; Crisp, B.C. (2013): *Swift Trust in Global Virtual Teams.* In: Journal of Personnel Psychology, 12 (1), S. 45–56.

Jarvenpaa, S.L.; Shaw, Th.R.; Staples, D. S. (2004): *Toward Contextualized Theories of Trust: The Role of Trust in Global Virtual Teams.* In: Information Systems Research, 15 (3), S.250–267.

Jarvenpaa, S.L.; Tanriverdi, H. (2003): *Leading Virtual Knowledge Networks.* In: Organizational Dynamics, 31 (4), S. 403–412.

Jarvenpaa, S.L.; Knoll, K.; Leidner, D.E. (1998): *Is Anybody out There? Antecedents of Trust in Global Virtual Teams.* Journal of Management Information Systems, 14 (4), S. 29–64.

Jarvenpaa, S.L.; Leidner, D.E. (1998): *Communication and trust in global virtual teams.* In: Journal of Computer-mediated Communication, 3 (4).

Jarvenpaa, S.L.; Leidner, D.E. (1999): *Communication and trust in virtual teams.* Organizational Science, 10, S.791–815.

Kahai, S.S. (2012): *Leading in Digital Age: What's different, issues raised, and what we know.* In: Bligh, M. et al.: Exploring Distance in Leader-Follower Relationships. Routledge Academic, Abingdon-on-Thames, S.63–93.

Kim, W.C.; Mauborgne, R. (1998): *Procedural Justice, Strategic Decison Making, and the Knowledge Economy.* In: Strategic Management Journal, 19 (4), S.323–338.

Liebermeister, B. (2017): *Digital ist egal. Mensch bleibt Mensch – Führung entscheidet.* Gabal Verlag, Offenbach.

Luhmann, N. (2009): *Vertrauen. Ein Mechanismus der Reduktion sozialer Komplexität.* UTB, Lucius & Lucius, Stuttgart.

Möllering, G. (2006): Trust: *Reason, Routine, Reflexivity.* Elsevier, Amsterdam.

Nonaka, I.; Takeuchi, H. (1995): *The Knowledge Creating Company.* Oxford University Press, Oxford.

North, K. (2002): *Wissensorientierte Unternehmensführung,* Gabler, Wiesbaden.

Osterloh, M.; Weibel, A. (2006): *Investition Vertrauen. Prozesse der Vertrauensentwicklung in Organisationen,* Gabler, Wiesbaden.

Petermann, F. (2013): *Psychologie des Vertrauens,* Hogrefe, Göttingen.

Probst, G.; Raub, S.; Romhardt, K. (2010): *Wissen managen. Wie Unternehmen ihre wertvollste Ressource optimal nutzen.* Gabler, Wiesbaden.

Purvanova, R.K.; Bono, J.E. (2009): *Transformational leadership in context: Face-to-face and virtual teams.* In: The Leadership Quarterly, 20, S. 343–357.

Riemann, F. (2017): *Grundformen der Angst.* Ernst Reinhardt Verlag, München.

Rose, T. (2017): *The End of Average.* Penguin Psychology Books, London.

Rousseau, D.M. (1995): *Psychological Contracts in Organizations. Understanding written and unwritten agreements.* Sage Publishing, Thousand Oaks

Sarala, R.M.; Vaara, E. (2010): *Cultural Differences, Convergence, and Crossvergence as Explanations of Knowledge Transfer in International Acquisitions.* In: Journal of International Business Studies, 41, S. 1365–1390.

Schein, E.H. (1992): *Organizational Culture and Leadership.* Jossey-Bass, S.F., New Jersey.

Schreyögg, G. (2001): *Wissen, Wissenschaftstheorie und Wissensmanagement.* In: Schreyögg, G. (Hg.): Wissen in Unternehmen. Erich Schmidt Verlag, Berlin, S. 3–16.

Senge, P. (1996): *Die fünfte Disziplin. Kunst und Praxis der Lernenden Organisation.* Klett-Cotta, Stuttgart.

Sydow, J. (2005): *Strategische Netzwerke. Evolution und Organisation.* Gabler, Wiesbaden.

Sydow, J.; van Well, Bennet (2010): *Wissensintensiv durch Netzwerkorganisation – Strukturationstheoretische Analyse eines wissensintensiven Netzwerkes.* In: Sydow, J. (Hg.): Management von Netzwerkorganisationen. Gabler, Wiesbaden.

Tajfel, H. (1982): *Gruppenkonflikt und Vorurteil: Entstehung und Funktion sozialer Stereotypen.* Huber Verlag, Bern

Tajfel, H.; Turner, J.C. (1986): *The Social Identity Theory of intergroup behavior.* In: Worchel, S.; Austin, W.G. (Hg.): Psychology of Intergroup Relations, Nelson-Hall, Chicago, S. 7–24.

Thomas, A. (2005): *Vertrauen im interkulturellen Kontext aus Sicht der Psychologie.* In: Maier, J. (Hg.): Die Rolle von Vertrauen in Unternehmensplanung und Regionalentwicklung – ein interdisziplinärer Diskurs. Forost Arbeitspapier Nr. 27, Jan., S. 19–46.

Thomas, A. (2014): *Wie Fremdes vertraut werden kann,* Springer Gabler, Wiesbaden.

Von Krogh, G.; Ichijo, K.; Nonaka, I. (2000): *Enabling Knowledge Creation: How to unlock the Mystery of Tacit Knowledge and Release the Power of Innovation.* Oxford University Press, New York.

Von Rosenstiel, L. (2004): *Management und Führung aus psychologischer Sicht.* In: Reinmann, G.; Mandl, H. (Hg.): Psychologie des Wissensmanagements. Hogrefe, Göttingen, S. 24–37.

Von Rosenstiel, L.; Domsch, M.; Regnet, E. (2009): *Führung von Mitarbeitern.* Gabler, Wiesbaden.

Voigt, C. (2009): Interkulturell Führen. *Diversity 2.0 als Wettbewerbsvorteil.* Gabal Verlag, Offenbach.

Voigt, C. (2017): *Die Rolle der Führung beim Wissensaustausch in heterogenen semi-virtuellen Gruppen.* Shaker Verlag, Herzogenrath.

Wartzman, R. (2014): *What Peter Drucker knew about 2020.* Harvard Business, Brighton.

Weibel, A.; Rota, S. (2002): *Fairness as a Motivator.* In: Frey, B.S.; Osterloh, M.: Successful Management by Motivation. Springer, Berlin, S. 171–189.

Weitzman, M. (1990): *The Share Economy: Conquering Stagflation.* Harvard University Pres, Brighton.

Wüthrich, H.; Osmetz, D.; Kaduk, S. (2009): *Musterbrecher. Führung neu leben.* Gabler, Wiesbaden.

Zigurs, I. (2003): *Leadership in Virtual Teams: Oxymoron or Opportunity?* In: Organizational Dynamics, 31 (4), S. 339–351.

Register

Über die Autorin

Dr. Connie Voigt ist Dozentin, Publizistin und Systemischer Business Coach

Als Dozentin ist sie für diverse Fachbereiche im angewandten internationalen Management u. a. an der Universität Mannheim und der Technischen Universität Kaiserslautern tätig. Sie lehrt und forscht in den Bereichen Internationales Personalmanagement, Unternehmens- und Algo-Ethik, Interkulturelle Wissensaustauschprozesse, Post Merger Integration, Kommunikation, Konfliktmanagement und Virtuelle Führung in Changeprozessen, was sie in konstanter Wechselwirkung in ihrer unternehmerischen Praxis als Systemischer Coach und als Mediatorin anwendet. Ihren Doktortitel erhielt sie von der Friedrich-Schiller-Universität Jena am Institut für Interkulturelle Wirtschaftskommunikation. In ihrer Forschungsarbeit fokussiert sie auf die sozial-psychologischen Faktoren ihrer Fachbereiche und publiziert regelmäßig in diesem Feld.

Ihre berufliche Laufbahn startete sie als TV-Produzentin von ZDF-Nachrichten im Londoner ZDF-Studio, danach als Journalistin in London, wo sie Wirtschaftssendungen für den paneuropäischen TV-Sender European Business News EBN und später für den arabischen TV-Sender Middle East Broadcasting Corporation MBC produzierte. Nach einer Dekade Fernseharbeit in England zog sie 2000 nach Zürich und wechselte in die Leitung der globalen Unternehmenskommunikation des Airline-Catering-Konzerns Gate Gourmet Group mit der Aufgabe einer intensiven transatlantischen

Post Merger Integration. Darauf folgten weitere Jahre als Chefredakteurin des größten Schweizer Personalfachmagazins HR Today, das sie zur meinungsführenden Publikation entwickelte.

Dr. Voigt hat eine Systemische Coaching-Ausbildung mit ICF-Akkreditierung auf PCC-Level und mehr als 12 Jahre Praxiserfahrung als Executive Coach. Sie ist in der sich laufend transformierenden Telekommunikationsbranche als Executive Coach für Führung und Changekommunikation aktiv, entwickelt und mediiert dort interdisziplinäre Teams und ist Kommunikationscoach für Fachexperten, wie Ingenieure und IT-Architekten. Im sich ebenso verändernden Gesundheitsbereich wirkt sie als Changekommunikationsmanagerin in Projekten und nimmt monateweise Beratungsaufträge in China, Südafrika und Tunesien wahr.

Connie Voigt ist Herausgeberin des Sammelbands „Interkulturell führen. Diversity 2.0 als Wettbewerbsvorteil“ (Gabal 2009) und Autorin des akademischen Bandes „Die Rolle der Führung beim Wissensaustausch in heterogenen semi-virtuellen Gruppen“ (Shaker 2017). Gemeinsam mit dem Psychotherapeuten Dr. Hamid Peseschkian schrieb sie den Longseller „Psychovampire. Über den positiven Umgang mit Energieräubern“ (Goldmann 2018, 7. Aufl.)

In ihrem publizistischen Tätigkeitsfeld ist sie seit 2019 Chefredakteurin des neuen HR-Fachmagazins für Digitales Recruiting, Talent Management & Employer Branding „TalentPro Magazin“. Sie verfolgt engmaschig die Entwicklungen der Digitalen Transformation in allen Geschäftsfeldern, in denen die Ressource Mensch und Unternehmenskulturveränderungen in der Zukunft beeinflusst werden.

Vielseitigkeit durch ihr eigenes lebenslanges Lernen und ihr unerschütterlicher Glaube an Wertschätzung individueller Vielfalt prägen ihre vernetzende Lehre, ihre Arbeit als Coach und ihre interdisziplinäre Forschung. Connie Voigt ist Mitglied der EMA Euro-Mediterranean-Arab Association und als Geschäftsführerin ihrer Connie Voigt Interculturalcenter.com GmbH Unterzeichnerin der bundesdeutschen Charta der Vielfalt.